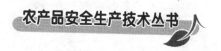

农产品安全生产技术丛书

小麦
安全生产技术指南

王法宏 等 编

中国农业出版社

编者名单

王法宏　张　宾

李升东　司纪升

张志伟　孔令安

冯　波

目 录

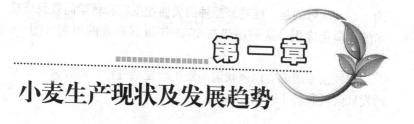

小麦生产现状及发展趋势

小麦是我国的主要粮食作物，也是国家重要的储备粮食。因此，发展小麦生产，对满足人民的粮食需求，提高人民物质生活水平，建设和谐社会，促进国民经济发展，都具有十分重要的意义。

第一节　中国小麦生产的发展

小麦是我国重要的粮食作物，改革开放以后，我国小麦产量开始快速增加，至 1997 年小麦产量达到 12 328.7 万吨创历史高位，基本实现了由长期短缺到供需平衡的历史性转变。虽然此后一段时间出现了产量下滑，但这主要是由于播种面积的减少造成

图 1-1　1949—2010 年我国小麦种植面积和总产量的变化

的。令人欣慰的是，随着新品种的大面积推广和科学高效栽培技术的规模化应用，这一趋势在 2004 年得到有效的扼制（图1-1）。

回顾新中国成立以来我国小麦生产发展过程，可分为 3 个大的发展阶段和若干时期：

一、新中国成立以后小麦生产发展阶段
（1949—1978 年）

1949—1956 年，小麦生产较快恢复和发展时期（7 年）。全国小麦种植面积和总产量由 1949 年的 2 133 万公顷和 1 381 万吨，增加到 1956 年的 2 733 万公顷和 2 480 万吨，面积和总产量分别增长 28% 和 79.6%，小麦单产由同期的 642 千克/公顷提高到 907.5 千克/公顷，增长了 41.4%。小麦产量在迅速恢复的基础上，用了不到 7 年的时间增加了 1 099 万吨，年平均递增 8.7%。这一时期小麦生产最大的特点是面积增加、单产提高、总产得到较大的增长。其中，52.4% 是靠单产提高，47.6% 是因种植面积增加，单产提高的作用略大。单产的提高除了生产条件改善以外，优良品种的推广也起了重要的作用。此期，通过大规模的群众收集评选品种工作，不同区域从各地方品种中评选出一批较好的品种；1950 年条锈病大流行，各地相继开展了以抗条锈病、丰产为主要目标的育种工作，先后育成一批优良品种（如碧蚂 1 号），为小麦生产的恢复和发展提供了重要的科技支撑。

1957—1965 年，小麦生产下降恢复时期（9 年）。小麦总产一直低于 1956 年的水平，其间 1961—1963 年由于自然灾害等原因总产量一度下降到 2 000 万吨以下的水平，即 1 555 万～1 845 万吨的低谷，1964 年产量为 2 085 万吨，1965 年恢复到 2 522 万吨的水平，这个水平是 9 年前小麦的生产水平。20 世纪 50 年代后期，条锈病新生理小种的出现，使得碧蚂1号等小麦品种相继感病，减产显著，面积下降。由于碧蚂1号种植面积过大，新的抗病品种来不及更换，只有扩大原有的抗、耐锈品种。所以，这一时期小麦生产处于低谷，除了自然灾害、农业生产组织方式的严重影响外，科技支撑方面没有新的推广品种也是一个重要的因素。

1965—1972年，小麦生产较快发展时期（7年）。小麦总产量由1965年的2 522万吨增加到1972年的3 600万吨，用了7年的时间总产增加了1 180万吨，增长了42.7%，年平均递增4.5%；种植面积仅增长了6.4%，单产提高了34.1%。单产提高对产量提高起了决定性的作用，占到80%，种植面积增加仅占20%。这一时期，农业生产虽然受到政治方面的一些影响，但仍表现出产量增长的良好势头。农业科研保持了相对的稳定，小麦的抗条锈病有了突破，各地培育出一批新的品种，促进了小麦的第四次品种更换。

1973—1978年，小麦生产迅速发展时期（6年）。1978年全国小麦面积达到2 918.2万公顷，总产5 384万吨，面积和总产分别比1972年增长了10.9%和49.6%。用了6年时间，小麦产量增加了1 784万吨，年平均递增6.9%。这是改革前期小麦产量增加幅度最大、增长幅度最快的时期之一。小麦单产也由同期的1 365千克/公顷增加到2 137.5千克/公顷，增长了56.6%，年平均递增7.7%。这一时期，小麦总产增长的30%靠种植面积的增加，70%靠单产的提高。在70年代后期，就出现了不少大面积高产典型，如河南省上千公顷小麦平均单产已达5 250千克/公顷；1976年山东潍坊、烟台、济宁三市小麦单产已超过5 250千克/公顷；青海省3 300多公顷小麦，单产已突破7 500千克/公顷；南方麦区也出现了不少6 000～7 500千克/公顷的高产典型。

二、改革开放后小麦生产发展阶段
(1978—1997 年)

这一阶段，小麦生产和其他粮食作物生产一样得到持续稳步的发展，小麦产量增加了 1 倍多，种植面积相对稳定，产量增加主要靠单产的提高。生产发展主要是：一靠政策、二靠科技、三靠投入。由于在农村推行承包责任制和粮食价格的提高、灌溉设施及化肥等农用生产物资大规模投入加上在 20 世纪 70 年代培育的优良品种遗传潜力的释放，用了 1 年时间，1979 年总产比1978 年就增加了 889 万吨。1997 年与 1978 年相比，小麦总产由5 384 万吨增至 12 328.7 万吨，增长 1.29 倍，年均增长 4.45%，高于全国粮食总产增长水平 1 个多百分点。同期小麦平均单产由1 845 千克/公顷增至 4 102 千克/公顷，提高近 1.2 倍；这个时期小麦种植面积基本保持在 2 900 万公顷上下，相对比较稳定，产量的增加只有 5.2% 是靠面积的增加，近 95% 是靠单产的提高得以增加的。

20 世纪 80 年代开始建立商品粮基地，对于促进小麦商品生产发挥了重要的基础作用。中部地区是粮食、棉花等大宗产品的主要产区，生产具有极大的潜力。根据中央《关于加快农业发展若干问题的决定》，从 1979 年起，国家重点投资建设一批商品粮、经济作物、畜产品等商品生产基地，其中商品粮基地建设是最重要的组成部分。商品粮基地建设经历了两个阶段：第一阶段是 1979—1982 年，以按大片建设商品粮生产基地为主；第二阶段从 1983 年开始，转入以县为单位进行商品粮基地建设。1979年开始建设的大面积商品粮基地，包括黑龙江省 31 个县、吉林中部地区、苏北地区、皖北地区、江汉平原、洞庭湖地区、鄱阳湖地区、珠江三角洲、长江三角洲地区、甘肃河西走廊、内蒙古河套地区和宁夏河套地区。这 13 片商品粮基地在北方地区除了东北的水稻和玉米种植外，大部分为小麦种植区域。按片投资，由于范围大、工程多，重点不突出，资金短缺。再加上国家投资和上调商品粮没有挂钩，以致国家投资后，能拿到商品粮的效果不显著。从1983年开始国家对商品粮基地建设的计划管理进行改革，提出以县为单位，实行联合投资、钱粮挂钩、承包建设的经济责任制办法。确定"六五"后3年先安排安徽、江西、湖南、湖北、江苏、河南、黑龙江、吉林等8个省50个县进行试点，后来又确定在内蒙古、广东、辽宁等省（自治区）增加了10个县，扩大到60个试点县。进入"七五"期间，这批商品粮基地县进入最佳效益时期，增产粮食的作用比较显著。在建设60个商品粮基地县取得成功经验的基础上，国家又在16个省（自治区）选择了111个县，作为"七五"计划期间第一批商品粮基地县，总投资3.8亿元，两年完成。商品粮基地县的建设重点主要是进行农业技术推广体系、良种繁育体系和农田水利建设，形成新的粮食生产能力。可以说，80年代商品粮基地县的建设对于促进粮食生产包括小麦生产的发展起了重要的基础作用，也为90年代后期进行农业结构的战略性调整，逐步形成优势产区打下了一定基础。

三、小麦生产加速和专用优质小麦发展阶段
（1998—2010年）

在国家一系列重大支农惠农政策激励下，依靠科技进步和行政推动，我国小麦生产实现了恢复性增长，生产能力稳步提升，这一阶段在提高小麦产量的同时，更加注重质量的提高。主要表现在以下两个方面。

一是恢复面积、提高单产、增加总产。有3个特点：①面积恢复增加。1998—2004年，我国小麦种植面积连续7年下滑，由1997年的3 005.7万公顷下降到2 162.6万公顷，面积减少了

840 万公顷，减幅 28%。2005—2006 年，小麦种植面积有所恢复，由 2004 年的 2 162.6 万公顷，恢复到 2006 年的 2 296.2 万公顷，增加 133.56 万公顷，增幅 6.2%。②单产连创新高。2004—2006 年我国小麦单产分别达到 4 252.5 千克/公顷、4 275.0 千克/公顷和 4 549.5 千克/公顷，连续 3 年超过 1997 年4 102.5 千克/公顷的历史最高纪录，小麦单产走出多年连续徘徊的局面，2006 年首次突破 4 500 千克/公顷大关。③总产持续增长。2006 年我国小麦总产 10 446.4 万吨，比 2003 年增加1 797.6 万吨，增幅 20.8%，实现连续 3 年增产，总产恢复到 20世纪 90 年代水平，在面积减少 667 万公顷的情况下，再次超过1 亿吨。

二是积极发展优质小麦。优质专用小麦的发展可以追溯到20 世纪 80 年代中期，1985 年农业部提出发展优质专用小麦，到1996 年面积只有 106.7 万公顷，并没有真正提上议事日程，通过十年的发展，优质专用小麦的面积也就相当于一般主产省小麦的种植面积。1998 年以来，随着农业结构战略性调整的展开和加入 WTO，国家开始真正重视优质小麦的发展，在小麦面积、产量调减的同时，专用小麦面积迅速扩大。2001 年全国专用小麦面积达 600 万公顷，比 1996 年增加 493.3 万公顷。其中，达到强筋、弱筋小麦国标（GB/T 17892 和 GB/T 17893—1999）的专用小麦面积达 213.3 万公顷。2003 年全国优质专用小麦面积达到 826.7 万公顷，已占小麦总面积的 37%，其中优质强筋、弱筋小麦达到了 266 万公顷。2006 年优质专用小麦面积达到1 267 万公顷，占小麦总面积的 55.2%，比 2003 年提高了 17.6个百分点。通过 1998 年以来的大力发展，优质专用小麦种植面积不仅得到很大增长，品种质量也取得了明显的成效。据农业部谷物品质监督检验测试中心检测，2005—2007 年 3 年检测结果平均，我国小麦蛋白质含量达到 13.93%，容重达到 792 克/升，分别比 1982—1984 年 3 年检测结果平均值提高了 3.9%和

2.3%，尤其是小麦湿面筋含量达到 30.2%，提高了 5.9 个百分点，面团稳定时间提高到 6.5 分钟，提高了 1.83 倍，专用小麦生产的发展，较好地满足了国内市场需求，在一定程度上抑制了国外专用小麦的大量进口。

虽然近几年小麦生产实现了持续稳定发展，但随着人口刚性增长和耕地面积减少，提高单产、增加总产、保障供给的压力较大。农户的小规模经营、耕地种植分散等对小麦良种推广极为不利。同时，小麦的区域布局和品质结构尚不完善，产品质量有待提高，小麦种植效益仍然偏低。因此，在此严峻的现实条件下，加强农业科研投资、挖掘研究成果、提高转化效率，最大限度地提高小麦单产水平，对进一步提高小麦综合生产能力和市场竞争能力意义重大。

第二节　中国小麦生产种植区划

小麦在我国是仅次于水稻、玉米的主要粮食作物，历年种植面积为全国耕地总面积的 22%～30% 和粮食作物总面积的20%～27%，分布遍及全国各省（直辖市、自治区）。根据各地域的气候特征、地势地形、土壤类型、品种生态类型、种植制度以及栽培特点和播种、成熟期早晚等，将全国小麦种植区划分为10 个主要区和 30 个副区。

1. 东北春麦区　包括黑龙江、吉林两省全部，辽宁除南部沿海地区以外的大部及内蒙古东北部。全区麦田面积及总产分别占全国的 8% 和 6.5%，为春麦主要产区，其中黑龙江省为该区主产区。全区地势西北高而东北低，大部地区海拔 40～500 米。土壤以黑钙土为主，土质肥沃，结构良好。尚有较大面积的宜农荒地，宜于大型农机具作业。全区温度偏低、热量不足。最冷月平均气温 −23～−10℃，绝对最低气温 −41～−27℃。无霜期仅90～170 天。年降水 320～870 毫米，其中小麦生育期为 130～

330毫米，东部多而西部不足。如三江平原一带后期常因雨水偏多形成湿、涝危害；而吉林省白城与辽宁省朝阳等地又常发生干旱和风沙灾害。病害以根腐、锈病为主，丛矮和全蚀病也时有发生。种植制度为一年一熟，小麦4月中旬播种，7月20日前后成熟，生育期90天左右。增产措施除及时防治各类病虫害外，东部排涝防湿，北部清除杂草，西部兴修水利，并采用少深翻、多深松等防风固沙、保持土壤水分等特殊耕作方法。全区可分为北部高寒、东部湿润和西部干旱3个副区。

2. 北部春麦区 全区地处大兴安岭以西，长城以北，西至内蒙古的伊盟及巴盟，北邻蒙古人民共和国。并包括河北、陕西两省长城以北地区及山西北部。小麦面积及总产分别占全国的2.7%和1.2%，为全区粮食作物种植面积的20%左右。小麦单产在全国各麦区最低，但不平衡。内蒙古巴、伊盟单产2 250千克/公顷左右，而河北张家口及陕西榆林地区则不到750千克/公顷。全区海拔1 000～1 400米，土壤以栗钙土为主，土壤贫瘠，自然条件较差。大陆性气候强烈，寒冷少雨，最冷月平均气温-17～-11℃，绝对最低气温-38～-27℃，无霜期110～140天，年降水309～496毫米，多数地区为300毫米左右，小麦生育期降水仅94～168毫米，雨量不足。种植制度以一年一作为主，少数地区可两年三熟。播期一般3月中旬至4月中旬，7月上旬成熟，最晚可至8月底。病害主要有叶锈病、秆锈病、黄矮病和丛矮病等。虫害为麦秆蝇和黏虫。早春干旱和后期高温逼熟是小麦生产的主要问题。内蒙古河套灌区土壤盐渍化近年亦发展严重。在增产措施中，应进行轮作休闲等，以培肥地力；灌区提倡沟、畦灌，并作好渠系配套，改进灌溉制度，节约用水，防止土壤盐渍化。全区可分为北部平原和南部半干旱2个副区。

3. 西北春麦区 全区以甘肃及宁夏为主，并包括内蒙古西部及青海东部。小麦面积和总产分别占全国的4.1%和4.4%，单产仅次于长江中下游及黄淮冬麦区，而居春麦之首。一般单产1 500千克/公顷左右，甘肃河西走廊灌区和宁夏、银川及中宁灌区，平均每公顷产量可达3 750～4 500千克。全区地处内陆，极少受海洋季风影响，部分地区属干旱荒漠气候。海拔1 100～2 200米，土壤主要是棕钙及灰钙土，结构疏松，易风蚀沙化。其中，黄土高原地区地形破碎，水土流失严重，地力贫瘠。最冷月平均气温−9.3～−7.5℃，绝对最低气温−27～−23℃，年日照为2 640～3 265小时。日照长，辐射强，气温日较差大，有利于光合作用和干物质积累；但蒸发量大，年降水量仅86～335毫米，小麦生育期降水52～181毫米，为我国降水量最少地区之一。小麦生长主要靠黄河及祁连山雪水灌溉，后期常受干热风危害。锈病、黑穗病及吸浆虫为常见病虫害。种植制度主要为一年一熟，3月上旬播种，8月上旬左右成熟。增产关键措施为修筑梯田，平整地面，防止水土流失，增施肥料，培肥地力。灌区渠系配套、防渗节约用水。全区可分为荒漠干旱、银宁灌区、陇中丘陵和河西走廊4个副区。

4. 新疆冬春麦区　小麦种植面积及总产分别为全国的4.5%和3.8%左右。北疆以春麦为主，南疆以冬麦为主，麦田面积北疆为大。全区气候干燥，雨量稀少，南疆尤少。但冰山雪水资源丰富，可保证灌溉。年降水12.6～244毫米，绝对最低气温为−44～−24.3℃，南疆略高于北疆。日照长，辐射强。种植制度以一年一熟为主，南疆兼有一年两熟。冬麦品种为强冬性，9月中旬播种，8月初成熟。春麦播期北疆为4月上旬，南疆3月初，均7月中旬成熟。精耕细种，划畦灌溉，增施肥料，均为有效的增产措施。全区分南疆和北疆2个副区。

5. 青藏春麦冬麦区　包括西藏和青海大部、甘肃西南部、四川西部及云南西北部。全区以林牧为主，小麦种植面积及总产均占全国的0.5%，其中以春麦为主。20世纪70年代中期起，藏南开始发展冬麦。藏南河谷地带及昌都等地区，地势低平，土壤肥沃，灌溉发达，是全区小麦主产区。本区海拔4 000米以上，农区一般 3 300～3 800 米。藏南气候温凉，夏无酷暑，冬无严寒。最冷月平均气温－4.8～0.1℃，绝对最低气温－25.1～－13.4℃。小麦返青至拔节及抽穗至成熟均历经 2 个月之久，且日照长，气温日较差大，有利于形成大穗大粒。年降水量42.5～770 毫米，分布十分不均，以藏南地区较多，西部最少，冬、春麦播期分别为 9 月下旬及 3 月底前后，成熟于 8 月下旬至 9 月中旬。种植制度主要一年一熟。全区可分环湖盆地、青南藏北牧区和川藏高原 3 个副区。

6. 北部冬麦区　包括河北长城以南的平原地区，山西中部及东南部，陕西北部，辽宁及宁夏南部，甘肃陇东和京、津两市。麦田及总产分别占全国的 8％以上及 5.7％。小麦占全区粮食作物总面积的 30％左右。全区地处冬麦北界，除河北北部及辽宁沿海一带为平原外，海拔一般 750～1 200 米。土壤为褐土、黄绵土等，耕性良好，保墒耐旱。最冷月平均温度－7.7～－4.6℃，绝对最低气温－24～－20.9℃，越冬冻害时有发生，尤其在冬、春麦交接边缘地带。年降雨 440～660 毫米，小麦生育期降水 143～215 毫米，多集中在夏季，旱害严重，春旱尤甚。种植制度以两年三熟为主，其中旱地多一年一熟，一年两熟在水浇地区近年有所发展。播期旱地为 9 月上、中旬，水浇地 9 月20 日左右。成熟期通常为 6 月中、下旬。应加强农田基本建设。搞好水土保持，兴修水利，增施肥料，选用耐旱耐瘠品种。全区分燕、太山麓平原，晋冀山地盆地和黄土高原沟壑 3 个副区。

7. 黄淮冬麦区　包括山东全省，河南除信阳地区以外全部，河北中南部、江苏和安徽两省的淮河以北地区，陕西关中平原，山西西南以及甘肃天水地区。小麦面积及总产分别占全国的45％及 51％以上，为我国最主要麦区。通常麦田面积为粮食作物种植面积的 45％以上。全区地势低平，海拔除陇东、关中和山西西南部略高外，山东、河南以及苏、皖北部均不及 100 米。土壤类型以石灰性冲积土为主，质地良好，具有较高生产力。全

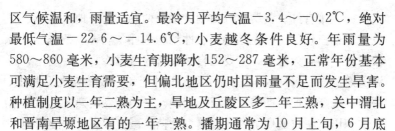

区气候温和，雨量适宜。最冷月平均气温－3.4～－0.2℃，绝对最低气温－22.6～－14.6℃，小麦越冬条件良好。年雨量为580～860毫米，小麦生育期降水152～287毫米，正常年份基本可满足小麦生育需要，但偏北地区仍时因雨量不足而发生旱害。种植制度以一年二熟为主，旱地及丘陵区多二年三熟，关中渭北和晋南旱塬地区有的一年一熟。播期通常为10月上旬，6月底前后成熟。全区可分黄淮平原、汾渭谷地及胶东丘陵3个副区。

8. 长江中下游冬麦区 全区北抵淮河，西至鄂西、湘西丘陵山地区，东至海滨，南至南岭，包括上海、浙江、江西全部地区，江苏、安徽、湖北、湖南4个省的部分地区，以及河南省信阳地区。麦田面积及总产分别占全国的12%及14%以上，单产在全国最高，江苏中部单产达3 750千克/公顷。但单产极不平衡，江西以及湖南南部公顷产量仅为750千克左右，为我国小麦最不适宜种植。全区气候温暖，地势较低平，以丘陵为主，海拔一般50米左右。最冷月平均气温1.0～7.8℃，绝对最低气温－15.4～－4.1℃，年降水1 000～1 800毫米，小麦生育期降水360～830毫米，常发生严重的湿害。种植制度以一年二熟为主，不少为三熟制。品种多弱冬性。10月中、下旬播种，5月中、下旬成熟。病害以赤霉病为主，兼有白粉病。麦田沟渠配套、降低和控制地下水并辅以药剂防治，是提高产量的关键措施。全区分江淮平原、沿江滨湖、浙皖南部山地及湘赣丘陵4个副区。

9. 西南冬麦区 包括贵州全省，四川、云南大部，陕西南部，甘肃东南部以及湖北、湖南两省西部。麦田面积和总产均为全国的12%左右，其中以四川盆地面积最大，单产和总产最高。全区地形复杂，有山地、高原、丘陵和盆地，海拔300～2 000米，气候温暖，水热条件较好，但光照不足。最冷月均温2.6～6.2℃，绝对最低气温－11.7～－5.2℃，年日照1 121～2 470小时。四川盆地气温略高，日照严重不足，全年日均不及4小时，贵州亦然。年雨量772～1 510毫米，小麦生育期降水279～562

毫米。土壤有红、黄壤，种植制度稻麦两熟，部分地区实行冬麦及双季稻三熟制。小麦品种多春性到弱冬性。病害以条锈及白粉较严重，间有赤霉病。主要的自然灾害为低温冷害，后期还有高温逼熟。平原播期为10月下旬至11月上旬，成熟期在5月上、中旬。丘陵山地播期略早而成熟稍晚。平川稻麦两熟区，宜冬早放水晾田，精耕适期下种，以培育壮苗，减少湿害。丘陵山地旱区则加强水保和农田基本建设，增施肥料，培肥地力。全区可分云贵高原、四川盆地和陕南鄂西丘陵3个副区。

10. 华南冬麦区　包括福建、广东、广西、海南和台湾5省（自治区）及云南南部。麦田面积和总产只有全国的1.6%和0.8%（不包括台湾省），小麦不是本区主要作物，历年面积极不稳定，且近年锐减。全区近90%的麦田为山地、丘陵，沿海平原不及10%。海拔，丘陵区约200米，沿海平原则不足100米。土壤主要为红、黄壤。气候暖热，最冷月均温7.9~13.4℃，绝对最低气温-5.4~-0.5℃，年降水1 280~1 820毫米，小麦生育期降水320~450毫米，水热资源丰富，唯季节间雨水分布和小麦各生育期需水很不协调，苗期常发生干旱而灌浆成熟阶段又多阴雨，影响结实灌浆，导致赤霉病发生。全区每公顷产量约1 050千克。种植制度多为稻、稻、麦一年三熟，部分地区实行稻麦两熟或二年三作。病害以赤霉病、白粉病为主，虫害有蚜虫等。成熟期间常因多雨而穗生芽。要注意开沟防湿排渍和尽量适期早播。全区可分山地丘陵、沿海平原和海南及台湾岛屿3个副区。

第三节　黄淮麦区小麦生产现状及发展趋势

　　黄淮海地区属于我国北方冬麦区，位于北纬33°~38°，东经105°~122°，该区幅员辽阔，属暖温带，生态差异较小，是冬小麦生长的适宜区域。本区约占全国小麦种植面积的44％，总产的60％，是我国秋播冬小麦的主产区。由于黄淮地区小麦营养生长阶段较长，有利于分蘖形成；穗分化时间也较长，营养生长与生殖生长并进阶段开始早。因此，随着土壤肥力的提高和栽培技术的改进，单产在6 000～7 500千克/公顷的麦田层出不穷，成为我国小麦生产的高产区。另外，小麦主产大省也主要集中在这个地区，科研力量雄厚，科技化和单产水平高，因此该区小麦产量较其他区域要高。影响该区小麦生产的主要因素是水资源短缺，干旱、冻害、干热风等自然灾害频发。条锈病、白粉、蚜虫和纹枯病等病虫害发病严重，影响了小麦产量和品质的提高。

　　黄淮麦区是我国最大的冬小麦产区，也称北方冬麦区，其小麦蛋白质数量和质量都优于南方冬麦区和春麦区。该区域光热资源丰富，年降雨量400～900毫米，土壤肥沃，生产条件较好。种植制度以小麦—玉米一年两熟为主，有些地方以小麦—大豆（花生）进行轮作，小麦10月上中旬播种，5月底至6月上中旬收获，有利于小麦蛋白质和面筋的形成与积累，是发展优质强筋、中强筋和中筋小麦的最适宜地区之一。2001年小麦种植面积1 467万公顷，总产6 300万吨，平均单产4 320千克/公顷，分别为全国小麦的55％、64％和115％。该区已经发展成为我国最大的强筋和中筋小麦生产基地，2010年河北、山东、河南、江苏、安徽5省小麦面积占全国比重达到65.7％，产量占71.3％，与2003年相比分别提高0.8和2.6个百分点。该区域适合优先发展加工优质面包、面条、馒头、饺子粉的优质专用小麦，将建成我国最大的商品小麦生产基地和加工转化聚集区，对于基本满足国内小麦食品加工业需求具有重要战略意义。

　　黄淮麦区的小麦科技实力较强，育种和栽培研究水平相对较高。现有品种可基本满足生产需要，大面积急需高产稳产、水肥利用率高的广适性品种，缩小试验地产量（9 000千克/公顷）与大田产量（4 500～5 250千克/公顷）的差距。对科技方面的需求主要表现为：一是加强水肥高效型品种选育，实现高产与高效性能的结合；二是加大抗纹枯病和蚜虫的研究力度，部分地区开展超级小麦研究以带动研究和生产水平的普遍提高；三是现有优质品种的食品加工性能及其在不同地区的稳定性有待进一步提高。河北、山东、河南等省是小麦增产潜力最大的地区之一，若能大面积推广精播半精播、小麦垄作、以氮肥后移为核心的氮素化肥高效利用技术，每公顷节约生产成本 10％～30％；四是应继续实施秸秆还田、培肥地力、改善排灌条件等措施，将中低产田改造成高产稳产田。对于旱地小麦，应重点研究和示范旱地保墒栽培及保护性耕作技术，如垄作免耕栽培技术。

第二章

小麦安全生产的环境条件

　　小麦对土壤的适应性较广，但要获得较高的产量，小麦对所处的生长条件仍有一定要求。小麦产量由品种特性和环境条件的相互作用所决定。在小麦生长发育的外界环境条件中，光、温主要依靠其适应自然而得到满足，而水分和肥料主要依靠栽培过程中的供应或调节。实践证明，土、肥、水、种等因素在很大程度上决定着小麦产量的高低。

一、小麦对土壤的基本要求

　　小麦依赖于土壤供给其养分、水分、氧气、部分二氧化碳等，所以，土壤对小麦产量有着直接的影响。虽然小麦对土壤的适应性较强，但它对土壤的质地、有机质和矿物质营养的含量、酸碱度等仍有一定的要求：土壤容重在 1.2 克/厘米^3 左右、孔隙度 50%～55%、有机质含量在 10 克/千克以上，土壤 pH 6.7～7.0，土壤的氮、磷、钾营养元素丰富，且有效供肥能力强。高产田全氮含量应为 0.1%左右，速效氮、磷、钾含量分别为 50～80 毫克/千克、30 毫克/千克和 80～150 毫克/千克。

　　小麦虽可在微酸性（pH6.0～6.3）或微碱性（pH7.5～8.5）的土壤上生长发育，但以在中性（pH6.8～7.0）土壤上的发育状况为最好。土壤含盐量对小麦的生长发育有重大影响。如果土壤的含盐量高于 0.25%，小麦生长就受到抑制。小麦自身的耐盐能力随生育期的推进逐渐增强，因此，盐碱地小麦前期受害重而后期受害轻。盐碱区要求有良好的排灌条件，以排涝洗碱，降低含盐量。

此外，小麦田一般要求土地平整。土地平整有利于防止水土流失，提高土壤蓄水保墒能力，同时也有利于耕作、播种、管理、收获等田间作业顺利进行。

二、小麦高产稳产的基本条件

（一）小麦高产稳产的土壤条件

高产稳产小麦对土壤条件有较高的要求，大量的研究和实践表明，高产麦田应具有以下特征：第一，地势平坦，水源充足，排灌条件良好。第二，土层深厚，土体构型良好。小麦高产要求是土体深度大于1.5米，并无障碍层次，耕作层大于20厘米，质地适中，上暄下实，保肥、供肥性能强。小麦根系发达，入土深度可达1～2米，在耕层较深、土体较厚的情况下，根系下扎较深，主要分布在0～50厘米的土层内；在耕作层浅、土体薄的情况下，根系多集中在0～15厘米的土层内，根系分布范围小，限制根系对水分和养分的吸收，突出表现为不抗旱，最终影响产量的提高。第三，要求丰富的有机质和速效养分。有机质含量的高低一般与土壤肥力水平相一致，土壤供肥能力主要指速效养分供应的数量和持续时间，供肥能力强的土壤是小麦高产稳产的重要物质基础，也是持续高产的可靠保证。据调查统计，山东省高产地块土壤有机质含量大都在1%以上；高肥力条件下小麦植株吸收的土壤氮素占75.5%～77.7%，肥料氮素占22.3%～24.5%，因此肥沃的土壤是高产的物质基础。第四，物理性状适宜，土壤结构好。高产田比较理想的土壤容重1.15～1.30克/厘米^3，总孔隙度50%～55%，通气孔隙10%以上。土壤通透性好，适耕期长，适种性广，本身有较强的抗逆能力，有利于水分、空气、养分的贮存及微生物活动。

（二）小麦高产稳产的水分条件

土壤水分状况不但直接影响小麦对水分的需要，也影响土壤养分、空气及热量等肥力因素。小麦生育期雨水充足，降雨适量，能大大提高土壤养分利用率和肥料利用率，可充分发挥土壤潜力，这是小麦获得丰收的重要因素之一。一般年份小麦生育期降雨供水仅占总耗水量的 1/3 左右，2/3 的耗水量是由灌溉补充的，因此扩大水浇面积、合理灌溉，是提高小麦产量的又一重要措施。

小麦是需水较多的作物，小麦一生的总耗水量为 400～600 毫米，相当于每公顷 4 000～6 000 米³，不同生育期所需水分量不同，小麦播种期适宜的土壤水分为田间持水量的 70%～80%；小麦生育前期耗水较少，一般要求田间持水量的 70% 左右，尤其是小麦越冬期是需水的低谷期，水分过高，不利于壮根，一般调控在 60% 左右。小麦拔节期至抽穗期，营养生长很快，结实器官也大量形成，对土壤水分反应敏感，一般要求 70%～90%，水分不足会影响有效穗数和穗粒数。小麦挑旗期至灌浆期是对水分需要的临界期，一般要求土壤含水量不低于田间持水量的 70%，此期受旱，灌浆速度降低，千粒重下降，对产量影响较大。

（三）小麦高产稳产的肥料条件

小麦高产稳产需要有稳定的养分供应。于淑芳等（2000）对山东省典型高产粮田研究发现，滕州市和寿光市高产粮田的有机质含量分别为 14.6～18.0 毫克/千克和 12.5～14.6 毫克/千克，平均值比中低产粮田分别增加 32.09% 和 18.38%；土壤碱解氮含量分别为 63.0～135.8 毫克/千克和 56.50～127.3 毫克/千克，平均值比中低产田分别增加 61.34% 和 47.93%。于振文等（2002）研究表明，产量水平为 9 000 千克/公顷的超高产麦田的肥力指标为：0～20 厘米土层土壤有机质含量 1.2%，全氮 0.09%，水解氮 70 毫克/千克，速效磷 25 毫克/千克，速效钾 90 毫克/千克，有效硫 12 毫克/千克及以上；曲善珊等（2009）通过连续多年多点跟踪调查研究发现，青岛市小麦单产达 10 500 千克/公顷的超高产麦田，其土壤有机质在 1.4% 以上，碱解氮 90 毫克/千克以上，速效磷 35 毫克/千克以上，速效钾 100 毫克/千克以上。

通常情况下，每生产 100 千克小麦籽粒，植株约需从土壤中吸收纯氮 3.0 千克，五氧化二磷 1.0～1.5 千克，氧化钾 3.0 千克，其吸收比大致为 3：1：3。随着产量水平的提高，小麦每公顷吸收的纯氮、五氧化二磷和氧化钾的数量相应提高，增加的比例为钾＞磷＞氮。而且，产量为 9 000 千克/公顷的麦田每生产 100 千克籽粒所需要的氮素和五氧化二磷的量少于 7 500 千克/公顷的麦田，而 K_2O 的数量高于 7 500 千克/公顷的麦田，说明超高产麦田应重视施用钾肥。

氮肥的适宜用量是小麦高产的关键，与小麦产量水平、小麦品种、土壤肥力、秸秆还田情况、播种密度、管理水平及产量与品质的不同要求等因素有关。王小燕（2003）研究表明，高产小麦吸收的氮素有 26.49%～28.21% 来自肥料，71.8%～73.5% 来自土壤。孟凡乔等（2000）的研究发现，在吨粮田发展过程中，桓台土壤速效氮对作物产量的贡献逐渐降低；在高产条件下，作物产量与土壤有机质呈显著正相关，与土壤碱解氮和速效磷含量的关系不密切。表明，实现小麦稳产高产，应在施足有机肥的基础上，进行配方施肥、合理施肥。

三、高产小麦的需肥规律

小麦在不同的生长发育时期，氮、磷、钾的吸收量不同。吸收数量的多少还与自然条件、栽培措施有关，特别是因施肥情况的不同而有很大区别。苗期是小麦营养器官建成为主的阶段，氮素代谢旺盛，要求充分的氮素营养，以满足营养器官建成及生长的需要，同时要求较多的磷素，以利早生蘖、早发根。小麦在返青以前，由于植株生长量小，对养分的吸收也较少。拔节期，养分吸收数量急剧增加。开花期以后，氮素吸收量逐渐减少，而磷、钾吸收量仍大量增加。

高产小麦在冬前、拔节至孕穗或开花前后有两个吸收高峰，而超高产小麦在冬前、拔节至孕穗、开花至灌浆呈现 3 个高峰。张洪程等的研究表明，超高产小麦中、后期氮素吸收量增加，与一般高产群体相比，氮素吸收总量增加约 10%，超高产小麦一生在前、中、后期 3 个阶段氮素吸收的比例为 4：4：2，而一般高产小麦为 5：3.5：1.5。潘庆民等将 9 000 千克/公顷产量水平的小麦品种与 7 500 千克/公顷产量水平的小麦品种进行比较发现，高产品种的氮素吸收量和氮素生产力较高，尤其是开花后吸氮强度显著提高。

随着产量水平的提高，小麦对氮素的吸收总量也明显增加。潘庆民等（1999）的研究结果显示，产量在 6 000 千克/公顷水平下，每公顷小麦吸氮为 150 千克左右，在 6 000～7 500 千克/公顷水平下，每公顷小麦吸氮量为 225 千克左右，在 9 000 千克/公顷水平下，每公顷小麦吸氮量为 242.4 千克。一般认为，小麦生产 100 千克小麦籽粒需三要素的比为 $N：P_2O_5：K_2O=$ 3：1：3。随小麦产量水平提高，小麦需氮量减少，而需钾量增加；但许轲在江苏的试验结果表明，100 千克籽粒所需的氮素有随产量水平的增加呈增加趋势。

韩燕来等（1998）研究表明，小麦对钾素的吸收存在阶段性差异，高产小麦植株钾素含量在整个生育期内呈双峰曲线，峰值分别出现在分蘖初期和拔节期，钾素吸收的最大速率期出现在返青到孕穗末期；进入拔节期后，小麦植株吸钾强度迅速增大，直至乳熟期。小麦拔节以后对钾的吸收急剧增加，至孕穗期，积累量分别达 59.72%，孕穗期至成熟期吸收最多，占总需要量的 40.28%。据高产田钾肥试验，每公顷增施 225 千克硫酸钾，每公顷增产小麦 1 164 千克，增产率 22.5%。谭金芳等（2001）认为，在土壤速效钾含量为 90~130 毫克/千克的范围内，施钾 75~225 千克/公顷均有明显的增产效果。于振文等（2007）的研究表明，在土壤速效钾含量为 50 毫克/千克的条件下，施钾（氧化钾）量为 75 千克/公顷、112.5 千克/公顷和 202.5 千克/公顷的处理小麦产量逐渐提高；而施钾 337.5 千克/公顷处理产量下降。小麦对磷的吸收，前期相对较少，但磷对促进小麦分生组织的生长分化，对生根增蘖有显著效果，基施磷肥不可忽视。对于晚播麦田，尤其是"独秆"栽培麦田，基施速效磷肥是预防和挽救"小老苗"的一项关键性措施。

四、黄淮海麦区小麦生产现状

黄淮海麦区是我国高度集约化的农业生产区之一，冬小麦是该区重要的粮食作物，约占全国小麦种植面积的 44%，其产量约占我国总产量的 61%，既是我国小麦的主产区，也是小麦高产区，对我国粮食安全起着重要作用。

（一）小麦单产水平明显提升，各地高产典型不断涌现

1997 年以来，山东、河南、河北等小麦主产区小麦单产超过 7 500 千克/公顷的面积逐年增加。1997—1999 年，河南连续 2 年出现 6 666.7 公顷连片麦田产量水平超过 7 500 千克/公顷；2005 年，山东省 27 466.7 公顷麦田小麦平均单产达 7 677 千克/公顷，其中，兖州市种植的 0.12 公顷泰山 23 号单产达 11 036 千克/公顷；2009 年 6 月 12 日，农业部组织专家对河北省栾城县小麦高产创建万亩示范方进行了实打验收，测产结果平均每公顷产量 9 819千克，创河北省小麦大面积单产历史最高纪录；2008 年山

东省莱阳市 0.2 公顷鲁麦 21 单产达到 10 705.5 千克/公顷（公顷穗数 834 万，穗粒数 38.72 粒，千粒重 39 克），创旱地小麦高产新纪录。2009 年，山东省滕州市级索镇千佛阁村小麦实打单产达 11 848.5 千克/公顷，创我国北方冬小麦高产新纪录。2011年，经以国家小麦工程技术研究中心主任胡廷积为首的专家组测产，河南温县 1.3 万公顷小麦高产创建示范田单产（公顷产量）达 9 145.5 千克，创河南省历史新纪录。2011 年，河北省藁城市刘家庄村 0.4 公顷小麦（石麦 18）单产达到 10 672.5 千克/公顷，比 2009 年的河北省小麦单产最高纪录高出 652.5 千克。在高产典型不断涌现的同时，各地小麦单产水平也出现稳步提升。自 2004 年以来，河南和山东等省的小麦单产和总产稳步提高，实现了"九连增"。这些数据均表明，黄淮海地区的小麦生产总体水平有了较大幅度的提高。

（二）高产田化肥用量，特别是氮肥用量明显增加

除了小麦高产品种的选育和栽培技术的改进外，肥料投入的增加是小麦产量提高的重要原因。据中国全国化肥试验网试验统计，化肥对粮食产量的贡献率为 40.8%。戴良香等（2001）对河北高产粮区土壤养分状况分析发现，冬小麦—夏玉米轮作条件下，冬小麦的养分因子排序分别为：N＞P＞K＞S＞Mn＞Cu＞B＞Zn。综合大多数的研究结果，一般小麦产量在 6 000 千克/公顷以下，氮肥用量多在 120～180 千克/公顷，产量在 6 000～7 500 千克/公顷水平下，施氮量为 180～225 千克/公顷；而产量在 7 500 千克/公顷以上，氮肥用量多在 240～330 千克/公顷。据调查，在华北平原的许多地方，农民在冬小麦季的氮肥（纯氮）用量超过 300 千克/公顷，大大超过达最高产量的最优施肥量。河南省在超高产栽培中也普遍存在氮肥用量大、利用率低的问题。

张玲敏对河北省施肥状况调查发现，20.2% 的农户在小麦上

氮肥用量超过 300 千克/公顷；王圣瑞等（2003）研究发现，北京市冬小麦化学氮肥平均用量为 208～261 千克/公顷，农田每年盈余氮素 18～86 千克/公顷。农业部对全国 10 000 多农户小麦施肥状况调查表明，施氮量超过 250 千克/公顷的农户为 26.4%，施肥量低于 150 千克/公顷的为 35.0%，施氮量为 150～250 千克/公顷的农户为 39.1%，基本上是施氮过量、施氮不足和施氮适量各占 1/3。

叶优良等（2010）在河南温县和兰考县的研究结果表明，在碱解氮含量分别为 50.5 毫克/千克和 43.6 毫克/千克的条件下，随着氮肥用量的增加（0～360 千克纯氮/公顷），土壤硝态氮含量和氮素表观损失增加，豫麦 49-198 在温县和兰考的氮素表观损失分别占氮肥用量的 32.56%～51.84% 和 16.70%～42.60%。研究结果认为，在 0～90 厘米土壤硝态氮累积量不应超过 120～140 千克/公顷，小麦氮用量不能超过 180 千克/公顷。王伟妮等（2010）在湖北省 47 个试验结果表明，平衡施用氮、磷、钾肥的增产效果显著。与不施肥相比，小麦平均增产 2 200 千克/公顷，增产率达 109.8%；肥料对产量的贡献率为 48.6%；肥料利用率为 7.7 千克/千克。

正确的氮肥施用技术是提高氮肥增产效果的关键。张洪程等研究表明，每公顷 9 000 千克小麦适宜施氮量为 300～330 千克/公顷，氮肥施用以基肥 50%，苗蘖肥 10%～15%，拔节孕穗肥 35%～40% 较好；与一般高产小麦基肥占 60%～70%、苗蘖肥 10%～15%，拔节孕穗肥 15%～20% 不同。

第三章

当前我国小麦安全生产中存在的问题

第一节　我国小麦增产形势依然严峻

粮食问题始终是中国农业的核心问题，粮食安全是一个长期问题，稳定粮食生产是一项长期任务。

一、我国耕地资源现状

我国耕地资源的现状，可概括为"一多三少"，即耕地总量多，人均耕地少、高质量的耕地少、耕地后备资源少。

（一）人均耕地少，分布不均衡

我国国土面积 960 万千米^2，居世界第三位。但由于可利用土地少，加上人口众多，我国土地资源相对贫乏，特别是作为农业生产基础的耕地更为紧缺。2008 年，全国耕地面积 1.217 亿公顷，人均耕地仅为 0.09 公顷，不及世界人均水平的 40%。全国已有 666 个县的人均耕地面积低于联合国粮农组织（FAO）确定的 0.053 公顷的警戒线，有 463 个县甚至不足 0.033 公顷。我国以不到世界 10% 的耕地，承载着世界 22% 的人口，人地矛盾十分突出。

（二）耕地质量总体偏低

我国现有耕地中旱地占的比重大，水田比重小。水田占耕地总面积的 23.11%，旱地占耕地总面积的 76.89%。在旱地中水浇地只占耕地总面积的 17.2%，占旱地总面积的 22.6%。而坡耕地却占耕地总面积的 35.1%。据国土资源部 2009 年 10 月份公布的《中国耕地质量等级调查与评定》数据显示，我国耕地质量等别总体偏低，耕地平均质量等别为 9.80 等，我国低于平均质量等别的耕地面积占耕地评定总面积的 57% 以上。我国优等地面积 333.756 万公顷，占全国耕地评定总面积的 2.6%；高等地面积 3 750.949 万公顷，占 29.98%；中等地 6 336.062 万公顷，占 50.64%；低等地面积 2 090.739 万公顷，占 16.71%。

随着社会经济的发展和城镇化建设的推进，我国耕地占优补劣的现象比较普遍，造成耕地面积隐性减少。用劣质耕地来补充优质耕地，表面上看耕地总量平衡了，实际上由于耕地质量差异及其综合生产能力的下降，造成隐性的耕地减少。尽管 2004 年，《国务院关于深化改革严格土地管理的决定》（国发［2004］28 号）做出了补充耕地数量、质量实行按等级折算的规定。但调查发现，占优补劣现象仍比较普遍。

（三）耕地后备资源严重不足

目前，我国耕地利用程度已经很高，垦殖率已达 13.7%，宜农后备土壤资源所剩无几，依靠扩大耕地达到增产增收已近极限。目前，我国拥有宜耕荒地资源 1 333 万公顷，按照 60% 的垦殖率计，只能增加 800 万公顷的后备资源。而且这些宜农荒地大部分分散在边远的、有障碍因素的土壤，投资需要过大，只能逐步有计划地少量开发。

二、我国灌溉水资源现状

中国是一个干旱、缺水严重的国家。淡水资源总量为 28 000 亿米³，占全球水资源的 6%，仅次于巴西、俄罗斯和加拿大，居世界第四位，但人均只有 2 200 米³，仅为世界平均水平的 1/4，是全球 13 个人均水资源最贫乏的国家之一。且水资源分布极不均衡，淮河及其以北地区，耕地面积占全国的 64%，水资源量仅占全国的 19%。其中，华北地区的水资源只占全国的 4.7%。水资源不足是限制黄淮海地区小麦生产的瓶颈。2009 年 3 月，水利部农村水利司司长王晓东说，我国现有的 1.22 亿公顷耕地中，只有 0.578 亿公顷有灌溉条件，尚有 0.639 亿公顷是没有灌溉条件的"望天田"。全国正常年份农业缺水量高达 300 亿米³，"十五"期间平均每年因旱减产粮食 350 亿千克。

作为小麦生产大省，河南省水资源总量 413.71 亿米³，人均水量和亩均水量为 430 米³ 和 340 米³，只相当全国平均水平的 1/5 和 1/6，属于严重缺水省份；山东省水资源总量 303 亿米²，人均水量和亩均水量分别为 334 米³ 和 263 米³，只相当全国平均水平的 1/6 和 1/7，位居全国各省（自治区、直辖市）倒数第三位；河北省人均、亩均水资源量分别为 307 米³ 和 211 米³，年可利用水量不足 170 亿米³。

世界粮农组织（FAO）报告指出，20 世纪，水资源利用总量的增长率是人口增长率的 2～3 倍。随着社会经济的发展和人口的不断增长，工业用水、生活用水与农业用水的竞争日益激烈，农业水资源短缺的问题日趋突出。

FAO 资源中心副主任 Alexander Mueller 指出，过去 50 年中，粮食产量的增加主要是因为单位面积产量的增加和农田利用强度的提高。灌溉面积的增加是单产提高的主要原因。为缓解水资源供需矛盾，各地被迫超采地下水以弥补水资源的不足。据不完全统计，全国已形成地下水区域性降落漏斗 56 个，漏斗面积 87 000 千米^2，有的漏斗中心水位埋深已达 60～80 米。据河北老水利专家魏智敏，2010 年，华北平原京津冀地区已形成 20 多个下降漏斗区，5 万千米^2 出现"漏斗"。地下水埋藏最深的在天津，达到 110 米；河北最深的机井在沧州地区，达到 800 米。即便是水资源相对较多的河南省，年超采 40 亿～50 亿米^3，全省也已形成近 8 000 千米^2 的漏斗区，漏斗区地下水的补给非常困难。中国地质科学院水文地质环境地质研究所所长石建省接受《科技日报》采访时指出，华北平原 75% 以上的用水需求靠地下水支撑，其最大的问题不是地下水的污染问题，而是其超采导致的地下水危机问题。在未来十年华北地区的水资源短缺程度面临进一步加剧的极大压力。

2005 年，国家发展与改革委员会、科学技术部会同水利部、建设部和农业部联合发布了《中国节水技术政策大纲》，明确提出了在 2005—2010 年实现农业用水量"零增长"的目标；2011 年，山东省政府颁布实施了《山东省用水总量控制管理办法》，提出"十二五"期间，全省年用水总量控制在 292 亿米^3 以内。在水资源总量控制的情况，提高用水效率，促进水资源可持续利用，已成为农业发展的必然选择。

三、小麦单产提高任务艰巨

自 2004 年以来，我国的粮食生产取得巨大成绩，全年总产实现了"八连增"，有效确保了我国的粮食安全。农业部副部长危朝安表示，粮食需求增加与供给偏紧矛盾还将在一段时间内长期存在。随着人口增加，人民生活水平提高，农产品加工业的发展，粮食相对需求呈刚性增长。据测算，中国每年大约需增加粮食 50 亿千克左右才能满足需要。国务院发展研究中心副主任韩俊表示，中国的粮食安全、粮食的供求平衡是脆弱的、紧张的。

　　而耕地数量的不足和耕地质量的下降以及农业水资源的日益紧缺，对于稳定提高粮食生产综合能力提出严峻挑战。此外全球气候变化也对粮食安全生产造成潜在威胁，粮食增产任务艰巨。中国科学院院士秦大河 2003 年就已指出，气候变暖将给我国农业生产的布局和结构带来一定影响，并将增加农业的生产成本；中国气象局局长郑国光在 2010 年 3 月的《求是》杂志上撰文，气候变暖已对中国农业生产和粮食安全造成显著影响，导致中国主要粮食作物生产潜力下降、不稳定性增加。Lester R. Brown 在《食品危机的 2011 年》中也指出，气温的增加使得世界粮食的增产更加困难，从而更难保证创纪录的世界粮食的需求。在最佳的气温状态下，每增加 1℃，就会减少 10％的粮食收益。

　　由于小麦生育期较长，从播种到收获要遭受许多自然灾害影响，且生长期间降水严重不足，致使小麦产量水平进一步提高的难度增大。2011 年，我国的冬小麦总产量达到 1.152 亿吨，实现了小麦产量"八连增"。但是从全国来看，人均小麦占有量只有 84 千克左右。因此，保持小麦产量的持续稳定增长，仍是我国农业生产的主要任务之一。

第二节　我国小麦质量安全不容乐观

　　我国在农业水土资源十分紧缺的条件下，实现了主要农产品供给从长期短缺到基本平衡、丰年有余的历史性转变，但同时农业土壤污染现象也逐步升级。土壤污染是指进入土壤中的有害、有毒物质超出土壤的自净能力，导致土壤的物理、化学和生物学性质发生改变，降低农作物的产量和质量，并危害人体健康的现象。土壤污染的来源主要可分为：①生活性污染源（主要是人、畜的粪尿，生活污水和垃圾等）；②生产性污染源（主要是工业生产中排放的"三废"、交通运输工具排放的废弃物、农田施用的农药和过量化肥）；③放射性污染源（主要是工业、科研和医疗机构排放的液体或固体放射性废弃物）。

农业源污染物排放总量较大，总体形势仍十分严峻。突出表现为畜禽养殖污染物排放量巨大，农业面源污染形势严峻，农村生活污染局部增加，城市污染向农村转移有加速趋势，农村生态退化尚未得到有效遏制。作为粮食主产区和高产区的黄淮海麦区，农民在粮食生产中多倾向于增加化肥、农药等的投入来获得较高的产量，农业污染问题更为突出。

一、我国土壤污染状况

在高负荷的生产活动下，农业系统的自身污染呈不断加剧的趋势，污染源逐步由工业为主与工农并重，向以农业为主转变。同时，工业与生活污染物进一步向农村转移，农药、化肥、有机固体垃圾等造成的污染相当严重。农业产地生态系统已经成为最直接的受害者。2007年，国土资源部报告指出，全国有1 230万公顷农田遭受污染，占全国耕地面积的10%左右。主要污染物质包括过量使用的化肥，排放的污水、固体垃圾以及重金属污染等。无论是直接的土壤污染，还是由土壤污染导致的大气、地表水和地下水污染，最终都会对人类健康造成威胁，同时也制约着农业的可持续发展。

（一）我国肥料污染状况

近年来，化肥的使用量却一直处于上升态势。过量或不合理施用化肥会导致作物营养失调与某些养分的积累，还会引起土壤结构破坏，促使土壤酸化以及降低微生物活性等，从而造成对土壤和水体的污染。随着产量水平的提高，肥料的增产效益逐渐降低，土壤养分的积累量逐渐增加。近10年来，特别是自2003年以来，我国的化肥用量持续增加。2009年，全国化肥用量为5 404.4万吨，其中，氮肥、磷肥、钾肥和复合肥分别为2 329.9

万吨、797.7 万吨、564.3 万吨和 1 698.7 万吨，分别比 2003 年增加了 8.4%、11.7%、28.8%和 53.1%。2009 年，我国农田平均施用量高达 444 千克/公顷，远超发达国家 225 千克/公顷的安全上限。根据北京市的调查资料，北京市每年化肥施用量13.43 万吨（氮、磷、钾纯量之和），平均超过 500 千克/公顷。据统计，农业生产中化肥的利用率只有 30%～40%，其余的60%～70%白白流失。其中，氮肥利用率为 30%～35%，磷肥、钾肥分别为 10%～20%和 35%～50%，比发达国家低 15%～20%。第一次全国污染源普查结果显示，农业源主要污染物化学需氧量、总氮和总磷分别达到 1 324.09 万吨、270.46 万吨、28.47 万吨，分别占到全国排放量的 43.7%、57.2%和 67.3%。在某种意义上说，农业污染已经成为我国环境污染的第一大污染源，我国农田肥料污染已经成为水体富营养化的主要污染源。

　　叶优良等对山东省氮、磷、钾投入产出状况进行分析发现，氮素从 1982 年开始盈余，每年盈余的氮素在 30 万吨左右；磷素从 1972 年开始盈余，2002 年盈余高达 134.64 万吨。催振岭（2005）在山东惠民的研究表明，小麦收获后 0～90 厘米土层剖面残留硝态氮含量在 36～279 千克/公顷，土壤残留硝态氮含量随施氮增加而增加。刘宏斌等发现，北京郊区冬小麦收获后 0～200 厘米和 200～400 厘米土层的硝态氮积累分别达 314 千克/公顷和 145 千克/公顷。农业面源污染对地表水的影响主要表现为富营养化问题，而对地下水的影响主要是硝酸盐污染问题。化肥流失造成农业面源污染，是水体污染的重要来源。氮和磷是其中的关键元素。农田在降雨、灌溉时产生径流会造成氮磷养分进入水体，含氮量在逐年增高。据调查，北京地区地下水中硝酸盐含量持续升高，其增长速度达每年 1.25 毫克/升，污染面积已在3 000公顷以上。经中国农业科学院调查表明，凡施肥量超过500 千克/公顷的北方地区，地下水的硝酸盐含量都超过饮用水标准。据第一次全国污染源普查公报（2010 年 2 月）数据，我国种植业总氮流失量 159.78 万吨（其中：地表径流流失量 32.01 万吨，地下淋溶流失量 20.74 万吨，基础流失量 107.03 万吨），总磷流失量 10.87 万吨。这些进一步导致水体污染，进而引起其他生态问题。

除了农业生产中的农药、化肥外，工业中的废水、废气、废渣以及生活污水和禽畜污染和生活垃圾等也是引起土壤污染的污染源。当前，我国在经济增长方式上还存在着"高投入、高消耗、高排放、低效率"的问题。大量资源、能源的耗用导致"三废"的排放超过了环境的承载与自净能力，造成了严重的生态环境污染。目前，我国地表水污染依然比较严重。淮河、黄河和海河等均遭受不同程度的污染（其中，淮河干流为轻度污染，支流总体为中度污染；黄河干流为中度污染，而其支流总体为重度污染；海河为重度污染）。北京大学工学院能源与资源工程系水资源研究中心通过 5 年多的研究结果表明，2006 年海河平原的污染已经触目惊心，地下水污染的面积占海河面积（149 581 千米^2）的 41.7%，其中重度污染区占 18.6%，轻度污染区占 23.1%。据 2010 年中国环境状况公报，全国废水排放总量为 617.3 亿吨，比上年增加 4.7%。与污水排放增加相应，污水灌溉面积也在不断增加，农产品污染日趋突出。据中国社会科学院环境与发展研究中心郑易生等专家的报告，早在 1993 年，中国的污水灌溉面积即达 1 573 万公顷，占全国耕地总面积的 16.5%。十年之后的 2002 年，情势未减，《中国水利报》2002 年报道，污灌面积已从 1978 年的 33 万公顷增加到 1998 年的 362 万公顷，占全国总灌溉面积的 7.3%。其中 85% 在缺水的北方，集中于大中城市和工矿区附近。2003 年的数据显示，天津市污灌面积为 9 万公顷左右，占全市灌溉面积的 22%。农产品重金属污染已是全国性问题。1997 年，农业部环境保护所对 24 个省、直辖市的 320 个污染区的农产品进行调查，发现小麦、玉米重金属超标率高，分别为 15.5% 和 14%，以汞、铬、镉、砷

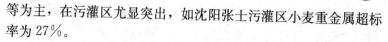

等为主，在污灌区尤显突出，如沈阳张士污灌区小麦重金属超标率为27％。

（二）我国农药污染状况

在农业生产中，人们在田间经常喷洒化学农药以防治作物病虫害的发生，由于某些农药及其代谢物的理化性质稳定，在土壤中的积累而引起了环境污染问题。土壤环境是受农药污染的重要场所。农药在土壤中长期残留累积的结果，致使农作物及畜产品中出现微量的残留农药，污染了食品，危害人类的身体健康。

我国农田土壤农药污染的一个主要原因是我国农药品种结构中具有高毒和"三致性"的杀虫剂用量较大；长期、大量、不合理地滥用农药是农药污染的又一原因。长期大量使用农药，使得病虫草害的抗药性逐渐增强，为达到防治效果，农药的使用量和防治次数相应增加，如此形成了恶性循环，同时也带来面源污染等严重环境问题。有研究表明，当喷施的农药是粉剂时，仅有10％左右的药剂附着在植物体上；若是液体时，也仅有20％左右附着在植物体上，1％～4％接触目标害虫，40％～60％降落到地面，5％～30％漂浮于空中，总体平均约有80％的农药直接进入环境。残存于土壤中的农药还会对土壤中的微生物、原生动物以及其他的土壤动物等产生不同程度的危害。

据统计，2010年我国农药消费量30.27万吨（折纯），比2005年增加6.96％，平均每公顷用量达2.49千克。2010年，我国农药产量约为234.2万吨，同比增长了20.4％；2011年1～11月份累计产量为248.7万吨，又比2010年同期增长20.7％。说明，我国农药的使用量仍在持续增加，农药污染形势不容乐观。

（三）我国土壤重金属污染状况

我国农田土壤重金属污染危害形势也非常严峻。据估算，中国每年遭重金属污染的粮食达 1 200 万吨，造成直接经济损失超过 200 亿元，而这些粮食也足以每年多养活 4 000 多万人。土壤污染造成有害物质在农作物中积累，并通过食物链进入人体，引发各种疾病。

大量未经处理的废（污）水直接用于农田灌溉，致使许多农田遭受到不同程度的重金属和有机物污染。我国工业"三废"和生活垃圾的排放，以及污水灌溉引起的重金属污染问题比较严重。据国家环保总局不完全调查，目前中国受污染的耕地约有 0.1 亿公顷，污水灌溉污染耕地 216.67 万公顷，固体废弃物堆存占地和毁田 13.33 万公顷，合计约占耕地总面积的 1/10 以上，其中多数集中在经济较发达的地区。此外，肥料的过量施用也会导致土壤中重金属累积甚至污染。据调查，北京市农田土壤的汞和铬的含量有逐年上升的趋势。2005—2009 年，汞的含量逐年为 0.053 毫克/千克、0.065 毫克/千克、0.077 毫克/千克、0.090 毫克/千克和 0.116 毫克/千克，铬含量为 50.0 毫克/千克、53.3 毫克/千克、55.8 毫克/千克、56.1 毫克/千克和 61.8 毫克/千克。进一步分析发现，北京农田土壤中重金属的累积水平铬＞汞＞铅。汞、铅污染主要来源于城市污染的大气扩散，铬污染主要来源于农业活动中肥料的过量使用。2000 年，对河南省基本农田保护区采集的 110 个土壤样品进行分析发现，土壤中重金属检出率为 100%。2002—2003 年，在对河南各地 500 个土壤采样的监测中发现，铅、镉、汞、砷等 8 种元素检出率为 100%。

目前，我国土壤污染退化的总体现状已从局部蔓延到区域，从城市郊区延伸到乡村，从单一污染扩展到复合污染，从有毒有害污染发展至有毒有害污染与氮、磷营养污染的交叉，形成点源与面源污染共存，生活污染、农业污染和工业污染叠加、各种新旧污染与二次污染相互复合或混合的态势。我国土壤污染已表现出多源、复合、量大、面广、持久、毒害的现代环境污染特征，

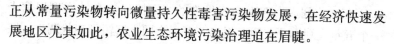

正从常量污染物转向微量持久性毒害污染物发展，在经济快速发展地区尤其如此，农业生态环境污染治理迫在眉睫。

二、土壤污染防治

由于土壤中的重金属污染具有隐蔽性和滞后性，很少引起人们的注意。但最近几年，土壤污染问题渐次浮出水面，受到人们的关注。中国科学院地理科学与资源研究所环境修复研究中心主任陈同斌指出，我国土壤污染总体处于恶化趋势，尤其现阶段是环境事件的高发期；中国社会科学院农业所李国祥调研发现，很多沿海的污染企业开始向内地，特别是落后地区转移，这使得一些农业大县面临很大的环境压力。中国科学院院士赵其国指出，随着社会经济的高速发展和高强度的人类活动，我国因污染退化的土壤数量日益增加、范围不断扩大，土壤质量恶化加剧，危害更加严重，已经影响到全面建设小康社会和可持续发展的战略目标的实现，未来15年将面临更为严峻的挑战。

由于农业生产系统是一个开放的系统，既有生产性污染，又有生活性污染，同时还有放射性污染，且污染治理难度大、成本高、周期长，所以土壤污染防治需要政府、企业、科研单位和农民共同努力，在提高小麦产量的同时，加强土壤污染的防治。小麦生产中必须由一味注重小麦产量增长向"质"与"量"兼顾方向转变。

2005年，在中央人口资源环境工作座谈上，胡锦涛总书记要求把防治土壤污染提上重要议程；温家宝总理在第六次全国环境保护大会上部署今后一个时期环境保护工作时，明确要求积极开展土壤污染防治；《国务院关于落实科学发展观加强环境保护的决定》（国发〔2005〕39号）提出，"以防治土壤污染为重点，加强农村环境保护"，并要求开展全国土壤污染状况调查和超标耕地综合治理，抓紧拟定有关土壤污染方面的法律法规草案。

2006 年，十届人大四次会议批准的《国民经济和社会发展第十一个五年规划纲要》明确提出"开展全国土壤污染现状调查，综合治理土壤污染"。

目前，我国对土壤污染的面积、分布和程度并不十分清楚，导致防治措施缺乏针对性。防治土壤污染的技术还不成熟。这就决定了对于土壤污染必须贯彻"以防为主，防治结合"的环保方针，控制和消除土壤污染源。

1. 控制土壤污染源　控制土壤污染源，即控制进入土壤中的污染物的数量和速度，通过其自然净化作用而不致引起土壤污染。

（1）控制和消除工业"三废"排放。大力推广闭路循环、无毒工艺，以减少或消除污染物的排放。对工业"三废"进行回收处理，化害为利。对所排放的"三废"要进行净化处理，并严格控制污染物排放量和浓度，使之符合排放标准。

（2）加强土壤污灌区的监测和管理。对污水进行灌溉的污灌区，要加强对灌溉污水的水质监测，了解水中污染物质的成分、含量及其动态，避免带有不易降解的高残留的污染物随水进入土壤，引起土壤污染。

（3）合理施用化肥和农药。禁止或限制使用剧毒、高残留性农药，大力发展高效、低毒、低残留农药，发展生物防治措施。例如禁止使用虽是低残留，但急性、毒性大的农药。禁止使用高残留的有机氯农药。根据农药特性，合理施用，制订使用农药的安全间隔期。采用综合防治措施，既要防治病虫害对农作物的威胁，又要把农药对环境和人体健康的危害限制在最低程度。调整农药产品结构，逐步淘汰高毒、高残留农药产品。减少化肥施用量，增加生物有机肥料，推广使用生物农药、有机肥料和可降解塑料薄膜，缓解土壤污染的恶化。

2. 消除土壤污染源　增加土壤有机质含量、沙掺黏改良性土壤，以增加和改善土壤胶体的种类和数量，增加土壤对有害物

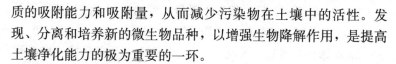

质的吸附能力和吸附量，从而减少污染物在土壤中的活性。发现、分离和培养新的微生物品种，以增强生物降解作用，是提高土壤净化能力的极为重要的一环。

三、小麦安全生产中化肥与农药的科学使用

1. 科学施用化肥 合理安全施肥不但能增加植物产量，而且能改善植物产品的营养品质、食味品质、外观品质，并改善食品卫生；合理安全施肥可以提高土壤营养、改善土壤结构、增进土壤健康、提高土壤对重金属离子的吸附，减轻重金属对农产品的污染；合理安全施肥可以提高化肥利用率，减少过量施用化肥对土壤环境造成的污染。王旭等的发现，2005—2008 年各区域小麦施肥水平较 20 世纪 80 年代有明显提高，化肥增产作用仍很显著，但区域间增产效应差异明显，化肥增产率在 34.7%～77.3%，化肥贡献率在 25.8%～43.6%，区域间有比较大的差异；粮食低产区不一定是化肥高效区。这些数据表明，合理施肥、提高化肥养分效率仍然是各区域小麦增产的重要途径。目前，我国小麦生产中，有机肥用量减少、氮肥过量偏施的现象比较普遍，造成土壤氮、磷、钾养分比例不平衡，肥料利用率低下。所以，小麦产量和肥料利用率的提高，必须在高产栽培技术的前提下，进行合理施肥。

小麦施肥应当结合各地土壤的供肥情况，根据小麦的需肥特点和肥料的释放规律，确定施肥的种类、配比和用量，按方配肥，科学施用。施肥原则：一是有机、无机相结合。底肥以有机肥为主，化肥为辅。二是基肥与追肥相结合，以基肥为主。追肥的时期、追施肥料的种类、数量和追肥的方法等，都须根据土壤供肥和基肥施用等具体情况确定。三是坚持平衡施肥。实现营养元素的全面、合理、协调搭配，从而获得稳产高产。"稳氮、增磷、补钾、配施微量元素肥料"的原则可适用于大部分麦田，高

产麦田更应重视硫、锌、硼等中微量元素的施用；秸秆还田条件下，应适当增加基肥氮肥的施用。

2. 科学使用农药 小麦生产中的农药使用应坚持"准确预测，科学防治，综合防治"的防治策略。一是开展病虫系统测报和面上普查，及时掌握病虫情报，做好病虫防治准备；二是认真抓好小麦病虫防治工作，做到精准施药，确保防治效果。倡导推广高效低毒农药，采取指标化防治。针对小麦不同生育期病虫草害种类，结合病虫害发生趋势，充分考虑"主治"与"兼治"、"防"与"治"的有机结合，进行综合防治。以"简便、实用、安全、高效、环保"为原则，进行科学混配，做到一喷多效。同时，应用新药械，避免农药的"跑、冒、滴、漏"现象，提高农药利用率，以最大限度地减少用药的次数，降低施药量。

第四章

小麦高产优质高效栽培技术

第一节　水浇地高产高效栽培技术

一、小麦精播、半精播栽培技术

　　传统小麦栽培技术主要是通过改变生产条件，增加投入，如改良土壤、发展灌溉、增施肥料、加大播种量等，小麦单产即可迅速提高，实现单产 4 500 千克/公顷左右，或更高些。如果通过此途径欲进一步提高产量，每公顷基本苗达到 300 万以上，结果导致群体过大，田间光照不足，个体植株生育弱，易倒伏，穗头变小，千粒重降低而减产。导致小麦倒伏、穗头变小的主要原因是由于播量过大，群体过大，群体内光照不足，引起碳氮营养失调，表现为氮素营养过剩，而氮素营养不足。

　　传统的栽培（大水、大肥、大播量）条件下，高产与倒伏的矛盾日益突出，不仅影响了小麦单产的进一步提高，而且使小麦生产的效益严重下滑。小麦精播、半精播高产栽培技术是一套小麦产量高、经济效益好、生态效益优的高效低耗栽培技术。该项技术适宜于土肥水条件较好的地块，通过减少基本苗数，依靠分蘖成穗等一套综合技术，较好地处理了群体和个体的矛盾，使麦田建立合理的群体动态结构，改善群体内的光照条件，促进个体生长健壮，根系发达，提高分蘖成穗率，单株成穗多，每一单茎的光合同化量高，穗部对养分的要求能力强，从而保证穗大、粒多、粒饱。

（一）小麦精播、半精播栽培的生物学基础

1. 减少基本苗、培育壮苗、提高麦苗素质　传统栽培条件下基本苗一般为 300 万～450 万/公顷。苗量过大，麦苗相互争水、争肥、争光严重，麦苗素质较差。小麦精播、半精播栽培基本苗仅 75 万～180 万/公顷，单株麦苗的营养条件和安全生存空间都大大改善，有利于培育壮苗，从而为高产打下基础。

2. 依靠分蘖成穗，增加多穗株在群体中的比重　研究表明，以多穗株（分蘖穗）为主构成的群体穗大高产，而以一穗株（主茎穗）为主构成的群体产量较低。精播、半精播栽培的麦田基本苗少，单株成穗较多，以多穗株为主，产量较高。

3. 单株成穗多，穗大粒多，千粒重高　研究表明，在一定范围内，单株成穗多，穗大粒多，千粒重高。单株的成穗数与平均穗粒数，千粒重之间有显著的正相关。精播、半精播栽培的小麦植株健壮，不仅单株成穗多，而且穗大，平均穗粒数也多，其平均千粒重也较高。

（二）小麦精播、半精播栽培的优点

1. 改善了田间的通风透光条件　小麦精播、半精播栽培大大降低了单位面积基本苗的数量，改善了田间的通风透光条件，降低了田间湿度，不仅有利于抑制小麦常见病害（小麦白粉病、小麦纹枯病）的发生，而且显著提高了小麦的抗倒伏能力。

2. 改善了群体的光合性能，有利于干物质的积累与分配　小麦精播、半精播栽培，由于改善了田间的通风透光条件，从而不仅显著提高了生育后期群体的光合强度，而且促进了光合产物向穗部的运输，有利于提高经济系数和籽粒产量。

3. 增强了根系的吸收能力，提高了水、肥生产效率　精播、

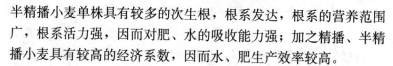

半精播小麦单株具有较多的次生根，根系发达，根系的营养范围广，根系活力强，因而对肥、水的吸收能力强；加之精播、半精播小麦具有较高的经济系数，因而水、肥生产效率较高。

（三）小麦精播、半精播栽培技术要点

1. 培肥地力 推广小麦精播、半精播技术必须以较高的土壤肥力和良好的土、肥、水条件为基础。生产实践证明，在传统栽培条件下单产 5 250 千克/公顷左右的高产田采用小麦精播高产栽培技术有望使产量提高到 7 500 千克/公顷。

2. 选用良种 由于小麦精播、半精播栽培很好地解决了小麦高产与倒伏的矛盾，可以充分发挥小麦的单株生产潜力。选用分蘖力强，分蘖成穗率高，单株生产力高，秸秆矮或中等高度，抗倒伏能力好，株型紧凑，叶片与茎秆角度较小，光合能力强，经济系数高，抗病抗逆性强，落黄好的品种。山东省推广的小麦高产良种，济南 17、济麦 22、良星 99、汶农 15、泰农 18、烟农 19 等均适宜小麦精播、半精播栽培，产量可达 7 500 千克/公顷以上。

3. 培育壮苗，施足基肥，精细整地，打好播种基础 基肥应以农家肥为主，化肥为辅，氮、磷、钾配合，以满足小麦各生育时期对养分的需要。一般情况下，每公顷施优质农家肥 60～75 吨，硫酸铵 375 千克和过磷酸钙 375～750 千克作底肥。磷肥容易被土壤固定而难以被植物利用，因此，可采用隔年施用或每年只施少量磷肥作底肥，以维持土壤速效磷供给水平，最大限度提高经济效益。在土壤缺磷，没有施底磷肥或施磷肥不足的情况下，应尽早追施磷肥，最好在冬前追施，或返青期追施，并以氮、磷混合追施，氮磷比例以 1∶1～1.5 为宜。要精细整地，打破犁底层，加深活土层，提高整地质量，打好播种基础。

4. 坚持足墒播种，提高播种质量 坚持适时、足墒播种，选用粒大饱满、生活力强、发芽率高的种子作种。实行机械播

种，根据地力合理确定播种量，掌握适宜的播种深度，一般播深3～5厘米，行距23厘米、26厘米、30厘米，等行距或大小行播种，提高播种质量。播种量的确定是以保证实现一定数量的基本苗数、冬前分蘖数、年后最大分蘖数以及单位面积穗数为原则。精播的播种量要求实现的每公顷基本苗数为90万～180万。

5. 促控结合调控群体，建立合理的群体结构 减少基本苗，确定合理的群体起点。精播栽培的公顷基本苗以90万左右为宜；半精播栽培的公顷基本苗以135万左右为宜。合理的群体结构动态指标为：冬前总茎蘖数750万～900万/公顷，年后总茎蘖数900万～1 050万/公顷，成穗数600万～645万/公顷，多穗型品种可达750万/公顷。叶面积系数冬前为1左右，起身期为2.5～3，挑旗期为6～7，开花、灌浆期为4～5。为创建合理的群体结构，应做到如下几点：

（1）播后及时查苗、补苗。基本苗较多、播种质量差的，麦苗分布不均匀，疙瘩苗较多，必须十分重视在植株开始分蘖前后，进行间苗、疏苗、匀苗，以培育壮苗。

（2）控制多余分蘖。为了调节群体，防止群体过大，必须控制多余的有效分蘖和无效分蘖，促进个体健壮，根系发达。精播麦田，当冬前单位面积分蘖数达到预期指标后，即可进行深耘锄。方法：用三齿耘锄，摘取两边齿，中间一齿可换成较小的铲头，于麦行中间深耘，依据群体大小和麦苗长相、长势，可采用每行深耘或各行深耘，耘的深度在10厘米左右，不得太浅，太浅了易翻苗严重。耘后搂平、压实或浇水，防止透风冻害。返青后，如群体过大，冬前没有进行过深耘锄的，亦可进行深耘锄，以控制过多的分蘖增生，促进个体健壮。深耘锄对植株根系有断老根、喷新根、深扎根、促进根系发育的作用，对植株地上部有先控后促的作用。控制新生分蘖形成和中小分蘖的生长，促使早日衰亡，可以防止群体过大，改善群体内光照条件，有利于分蘖

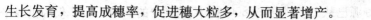

生长发育，提高成穗率，促进穗大粒多，从而显著增产。

（3）重视起身或拔节肥水。精播麦田，一般冬前、返青不追肥，而重视起身或拔节肥。麦田群体适中或拔节肥水；群体偏大，重施拔节肥水。追肥以氮肥为主，氮素化肥用量375千克/公顷左右，开沟追施。如有缺磷钾的，也要配合追施磷钾肥。这次肥水，能促进分蘖成穗，促进穗大粒多，是一次关键的肥水。

（4）早春返青期间主要是划锄，松土、保墒、提高地温，不浇返青水，在追施起身肥之后浇水，重视挑旗水，浇好扬花水、灌浆水，特别对于挑旗水，必须浇足浇好，使得土壤深层有一定的蓄水量，对后期籽粒灌浆有着重要的作用。

二、小麦垄作节水高效栽培技术

随着农业生产条件的改善和小麦产量水平的不断提高，传统小麦种植中高产与倒伏、病害的矛盾日益突出，水、肥等资源的不合理利用以及由此而引发的诸多问题成为小麦生产可持续发展的严重障碍。小麦是主要耗水农作物之一，为了改变传统小麦栽培中的水资源浪费和肥料利用率低下的状况，有效地提高灌溉水的有效利用系数和水分生产效率，在一定程度上解决传统栽培所造成的农业生态环境恶化和对土地生产力的不良影响，为农业生产走可持续发展之路探索一条新的途径，1998年始山东省农业科学院与国际玉米小麦改良中心（CIMMYT）合作，进行小麦垄作高效节水技术在山东省及周边省份的研究和推广工作。十几年来先后在山东、河南、山西、宁夏、新疆等地进行试验示范，取得了成功，节本增效效果明显。

（一）推广小麦垄作高效栽培技术的意义

目前，我国的农业生产面临着水资源短缺的困难，用水紧张的局面随着人口的增多和工农业的发展日益加剧。我国的人均水资源已从 1949 年的 4 800 米^3 降到现今的 2 300 米^3，仅为世界平均水平的 1/4，居世界第 109 位，已被列入世界上 13 个贫水国家的名单。更为糟糕的是我国水资源时空分布极不平衡，81% 的水资源集中在仅占全国耕地 36% 的南方地区，而占总耕地面积 64% 的北方地区只有 19% 的水资源。其中山东、河北、河南和陕西等北方 16 个省人均水资源不足 500 米^3，农业灌溉用水严重不足，处于联合国划定的水危机地区。山东省的水资源总量仅占全国的 1.2%，养育着全国 7.2% 的人口，承担着全国粮食总产量的 8.24%。全省人均占有水资源 354 米^3，仅为全国平均水平的 14.3%，世界水平的 3.5%，列全国各省（直辖市、自治区）倒数第三位。

　　而就山东省而言，现有灌溉面积 467 万公顷，相应的农田灌溉用水为 160 亿～200 亿米^3，占全省耗水量的 70%～80%。由于传统的灌溉方式落后，农业用水浪费惊人，节水增效潜力巨大。首先，由于渠道渗漏等原因，农田灌溉用水的有效利用系数仅为 0.5 左右，约 50% 的水资源白白浪费掉。而发达国家农田灌溉水的有效利用系数可达 0.7～0.8，如果将山东省农田灌溉水的有效利用系数提高到 0.7，则年可节水 40 亿～50 亿米^3；其次，由于大水漫灌等原因，山东省灌溉水的生产效率目前仅有 1 千克/米^3，而发达国家可达 2.0～2.3 千克/米^3。如果将山东省的灌溉水生产效率提高到 2 千克/米^3，则年可节水 80 亿～100 亿米^3，两者相加，可年节水 120 亿～150 亿米^3。

　　山东省农业科学院作物所通过多年的试验表明，采用小麦垄作栽培技术，可比平作栽培方式节约灌溉用水 30% 左右，不同品种的水分利用效率较平作提高 20% 左右。小麦垄作栽培大大提高了灌溉水的有效利用率，有效抑制了浇水后的土壤板结，改善了小麦群体的通风透光状况，同时也降低了田间湿度，减轻了小麦病虫危害，改撒施为沟内条施，提高了肥料利用效率，在减少投入的前提下，小麦产量不但没有下降，相反还能增产 10%

左右，节本增效效果相当明显。

（二）小麦垄作高效栽培技术节本增效优势明显

传统的平作栽培方式，在生产中存在诸多弊端，对比垄作栽培方式主要表现在以下几点：

（1）传统平作小麦的浇水为大水漫灌，这种灌溉方式费工、费时，劳动强度大；一次灌水耗水 $600\sim750$ 米³/公顷，用水量大，灌溉水的利用率仅为 30%；不仅造成土壤板结，而且随着浇水次数的增加，根际土壤变得越来越黏重，不利于小麦的健康生长。

（2）传统平作小麦的追肥为撒施或机械条施，施肥深度浅，肥料利用率低，当季氮肥利用率仅为 $20\%\sim30\%$。

（3）传统平作小麦多为等行距种植，冠层内通风透光不良，田间湿度大，不仅小麦白粉病、小麦纹枯病等常发性病害发病程度高，而且小麦基部节间细长，抗倒伏能力差，随着小麦生产水平的不断提高，传统平作小麦高产与倒伏的矛盾日益突出。

（4）小麦为分蘖成穗作物，边行优势明显，等行距种植的传统平作小麦不利于充分发挥其边行优势。不仅如此，黄淮地区多为小麦—玉米一年两熟，传统平作小麦对套种玉米的影响较大。如套种过早，因玉米的生长条件较差，易形成老弱苗；如套种过晚，则不利于充分利用光热资源，难以实现高产。

而采用垄作栽培方式，其优点主要表现在：

（1）垄作小麦的灌水方式为沟内灌溉，即改传统平作的大水漫灌为垄作的小水沟内渗灌，不仅消除了大水漫灌造成的土壤板结及随灌水次数的增加土壤变黏重的现象，为小麦的健壮生长创造了有利的条件，而且，一次灌水用水量仅为 450 米³/公顷左右，节水 $30\%\sim40\%$。

（2）垄作小麦的追肥为沟内集中条施，可人工进行，也可机械进行。若人工进行，则每人每天可追肥3.5公顷，大大提高了劳动效率；不仅如此，化肥集中施于沟底，相对增加了施肥深度（垄体高度17～20厘米，肥料施于沟底，相当于17～20厘米的施肥深度），当季肥料利用率可达40%～50%。

（3）垄作小麦的种植方式为起垄种植，即改传统平作的土壤表面为波浪形，增加土壤表面积33%，因而光的截获量也相应增加，显著改善了小麦冠层内的通风透光条件，透光率增加10%～15%，田间湿度降低10%～20%，小麦白粉病和小麦纹枯病的发病率下降40%；小麦基部节间的长度缩短3～5厘米，小麦株高降低5～7厘米，显著提高了小麦的抗倒伏能力。

（4）垄作栽培改变了传统平作小麦的田间配置状况，即改等行距为大小行种植，有利于充分发挥小麦的边行优势，千粒重增加5%左右，增产10%～15%。2003年6月份由山东省农业厅种子管理总站和农技推广总站、潍坊市农业技术推广中心、青州市农业技术推广中心、滨州市农业技术推广中心及邹平农业技术推广部门的专家组成的测产验收专家组对青州和邹平两处垄作示范田进行了现场测产验收。测产结果表明，在青州7公顷垄作小麦（济麦20）单产9 157.5千克/公顷，比平作增产13.6%，在邹平20公顷垄作小麦（济麦20）单产7 254千克/公顷，比平作增产12.6%。

（5）小麦垄作栽培为玉米的套种创造了有利的条件，小麦种植于垄上，玉米套种于垄底，既便于田间作业，又改善了玉米的生长条件，有利于提高单位面积的全年粮食产量。

（三）小麦垄作节水、省肥技术要点

小麦垄作栽培技术适宜于水浇地小麦生产，特别是耕层较厚、土壤肥力较高、保水保肥能力较强的高产麦田。这种麦田在传统平作条件下，往往群体偏大，田间通风透光条件较差，湿度较高，不仅病害严重，而且容易倒伏减产。而采用小麦垄作栽培

技术则可以很好地解决上述问题。

1. 平衡施肥，施好基肥　水浇地高产麦田一般土壤有机质较丰富，土壤含氮量较高，为了提高肥料的利用率，一定要按照小麦的需肥规律和培肥地力的实际需要进行平衡施肥。一般而言，小麦返青前因气温较低，生长量较小，因而需肥量仅占全生育期的不足 20％；而返青后，随着气温的升高，生长量迅速增加，需肥量也相应增加。所以，基肥的施用应以农家肥为主，化肥为辅。一般每公顷施农家肥 45 吨，磷酸二铵 300～375 千克，硫酸钾 75～105 千克，尿素 75 千克。

2. 精细整地　为消除犁底层对小麦生产的不良影响，麦田土壤应深耕 25～30 厘米，以打破犁底层，促进小麦根系下扎，扩大根系吸收范围，为高产打下坚实的基础。耕后要及时耙平，消灭明暗坷垃，以便于起垄。

3. 合理确定垄幅　为充分发挥垄作栽培的增产效应，科学确定垄幅非常重要。垄幅的确定一般应遵循下列原则：①要保证种植于垄顶的小麦在苗期能安全吸水，故渗水性好的黏土垄幅可适当宽一些，渗水性差的沙性土垄幅可适当窄一些；②土壤肥力较高的高产田可适当宽一些，土壤肥力稍低的中产田可适当窄一些；③株型紧凑的小麦品种可适当窄一些，株型松散的品种可适当宽一些。一般垄幅以 70～90 厘米为宜。垄上种 3 行小麦，垄顶小麦的行距 15～18 厘米，垄间行距 40～45 厘米，这种配置方式有利于充分发挥小麦的边行优势。

4. 机械播种，足墒播种，提高播种质量　为保证垄作小麦的播种质量，建议用山东省农业科学院和有关厂家合作生产的 2BFL—3 小麦垄作播种机播种。该播种机可起垄、播种、施种肥一次完成，充分保证播种质量。为保证小麦的出苗，一定要足墒播种，墒情不足时，可播种后顺沟浇水，以利于苗全、苗齐、苗匀、苗壮。

5. 合理选择品种，充分发挥垄作栽培的增产潜力　在目前的生产水平条件下，分蘖成穗率较高的多穗型品种产量较为稳定，实现高产的几率较高；而分蘖成穗率较低的大穗型品种更容易受气候条件的影响而出现较大产量的波动，实现高产的几率较低。由于垄作栽培改善了小麦的田间小气候条件，可使小麦的株高降低，提高其抗倒伏能力，故选用分蘖成穗率较高的多穗型品种或大穗型品种更易充分发挥品种的遗传潜力，实现高产稳产。

6. 确定适宜的播期和播量、掌握合适的播种深度 胶东地区的适播期为 9 月 25 日至 10 月 5 日，鲁中地区和鲁北地区的适播期为 10 月 1～10 日，鲁南及鲁西南地区的适播期为 10 月 5～15 日。播种深度以 3～5 厘米为宜。

7. 加强冬前及春季肥水管理 若播种时土壤墒情较差，小麦出苗困难，可于播种后及时浇水，以保证苗全。一般年份要在立冬至小雪期间，当日平均气温降至 3～5℃时浇好越冬水。小麦起身拔节期，结合浇水，每公顷追尿素 225～300 千克，可将肥料集中条施于垄底，然后沿垄沟浇水。切忌将肥料直接撒在垄顶，否则不仅会造成肥料的浪费，严重的还会造成烧苗现象。小麦抽穗至成熟期时籽粒产量形成的关键时期，应根据实际情况加强肥水管理，脱肥地块可结合浇抽穗扬花水每公顷追尿素 75 千克左右，有利于延缓植株衰老，提高籽粒灌浆强度，增加产量。同时，为玉米套种提供良好的土壤墒情和肥力基础。

8. 及时防治病、虫、草害 小麦垄作栽培技术由于改善了麦田的通风透光条件，降低了田间湿度，使小麦常见病害的发病程度大大降低，因而，减少了化学农药的使用量，有利于降低生产成本和环保。不仅如此，垄作栽培改变了小麦的田间配置状况，便于田间杂草的人工或机械防除，减少了对化学除草剂的过度依赖，有利于食品安全。

9. 适时收获，秸秆还田 垄作小麦的收获同样可用联合收割机进行，为了保护套种玉米的幼苗，收割机可在垄顶上行走。

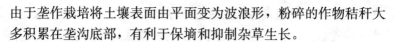

由于垄作栽培将土壤表面由平面变为波浪形，粉碎的作物秸秆大多积累在垄沟底部，有利于保墒和抑制杂草生长。

第二节　小麦保护性耕作技术

　　现行耕作制度的基本特征是：化肥、农药、除草剂等农业化学品的投入量不断增加；以精耕细作为主的农业机械作业强度不断加强。这一耕作制度带来了一系列严重的负面效应：①土壤结构被破坏，水土流失严重，土壤肥力下降；②由面源污染导致的地表水或地下水污染越来越严重；③土壤有益生物的种群、数量在迅速减少，有的甚至灭绝，生物多样性受到严重威胁；④作物的抗逆性下降，农产品的品质降低等。

　　保护性耕作是以秸秆覆盖地表、免少耕播种、深松及病虫草害综合控制为主要内容的现代耕作技术体系，具有防治农田扬尘和水土流失、蓄水保墒、培肥地力、节本增效、减少秸秆焚烧和温室气体排放等作用。

　　保护性耕作是人们遭遇严重水土流失和风沙危害的惨痛教训之后，逐渐研究和发展起来的一种新型土壤耕作模式。1935 年美国成立了土壤保持局，组织土壤、农学、农机等领域专家，开始研究改良传统翻耕耕作方法，研制深松铲、凿式犁等不翻土的农机具，推广少耕、免耕和种植覆盖作物等保护性耕作技术。20世纪 50～70 年代，许多地区的研究应用证实了保护性耕作对减少土壤侵蚀有显著效果，但也出现因技术应用不当导致作物减产的现象，使保护性耕作技术推广较慢。80 年代以来，随着耕作机械改进、除草剂的商业化生产以及作物种植结构调整，保护性耕作推广应用步伐加快，目前美国有近 60％的耕地实行各种类型的保护性耕作，其中采用作物残茬覆盖耕作方式的占 53％，采用免耕方式的占 44％。

　　从 20 世纪 60 年代开始，前苏联、加拿大、澳大利亚、巴西、阿根廷、墨西哥等国家纷纷学习美国的保护性耕作技术，在半干旱地区广泛推广应用。其中澳大利亚从 80 年代开始大规模示范推广覆盖耕作（深松、表土耕作、机械除草）、少耕（深松、表土耕作、化学除草）、免耕（免耕、化学除草）等保护性耕作技术模式，全面取消了铧式犁翻耕的作业方式，目前北澳90%～95%的农田、南澳80%的农田、西澳60%～65%的农田实行了保护性耕作。加拿大从 60 年代开始引进保护性耕作技术，80 年代开始大规模推广，目前已有 80%的农田采用了高留茬、少免耕等保护性耕作技术模式。以巴西、阿根廷为代表的南美洲保护性耕作应用面积也超过70%，主要是为了降低生产成本和增加农民收入。欧洲保护性耕作应用面积也达到 14%以上，主要是为了减少土壤水蚀，降低生产成本。目前，保护性耕作在北美、南美、大洋洲、欧洲、非洲、亚洲推广应用总面积达到了 1.69亿公顷，显示出良好的生态经济效果和发展前景。

小麦保护性耕作技术主要包括秸秆残茬覆盖，少、免耕播种及杂草控制等主要技术措施。实施保护性耕作的地块，不需要像传统耕作方式那样精细整地，只要具有较好的平整度，无障碍物，便于机械作业，能保证播种质量即可。

一、前茬处理

根据保护性耕作的技术要点和要求，对前茬玉米秸秆实施秸秆还田覆盖，主要有以下几点：

（1）处理方式：尽量采用玉米联合收获作业，一次性完成玉米收获和秸秆还田覆盖。也可以人工摘穗后，使用秸秆还田机将秸秆粉碎还田。

（2）秸秆切碎长度≤10 厘米；秸秆切碎合格率≥90%；秸秆覆盖率≥30%。

（3）抛撒不均匀率≤20%，地表不得有秸秆堆积现象。

二、造墒和施肥

1. 造墒 小麦播种适期一般在 9 月底至 10 月初，而降水一般多在 7～8 月份，经常出现播种时土壤墒情不足的情况。秋旱失墒给小麦丰产带来极大的危害：一是为了等雨下种，往往推迟播期，造成晚播晚发，影响小麦冬前分蘖，次生根扎少，弱苗增多，抗灾能力降低；二是出苗不全、不齐，造成缺苗断垄和减产。因此，适时造墒对于小麦丰收具有十分重要的意义。通常采用播前造墒，保证土壤水分占田间持水量的 60%～70%。如果 9 月中、下旬已出现旱情，在玉米收获前灌水，既有助于玉米增产，又能保证小麦适墒播种。

2. 施肥 施用肥量可根据目标产量、土壤供肥能力和小麦的需肥规律来决定。一般可以按照以下公式确定：

$$某元素肥料使用量 = \frac{作物吸收养分总量 - 土壤供肥量}{肥料中养分含量 \times 肥料当季利用系数}$$

$$作物吸收养分总量 = 作物单位产量养分吸收量 \times 目标产量$$

$$土壤供肥量 = 土壤养分测定值 \times 0.15 \times 校正系数$$

目标产量可依前三年作物的平均产量为基础，增加 10%～15% 作为目标产量数。

由于生产现状的多样性和许多不确定因素的影响，特别是肥料利用率和土壤养分利用率的变化，上述施肥量仍然是一个估算值，实际使用中还应通过实践加以修正。有时为了进一步提高施肥的合理性，可以通过查阅当地土肥部门提供的资料、数据，进一步确定肥料的使用量。

三、播种

采用免耕播种技术，即直接用专门的免耕播种机在玉米秸秆覆盖的大田中进行播种，一次性完成破茬、开沟、施肥、播种、覆土和镇压作业。由于有大量秸秆覆盖地表，进行机械播种时秸秆容易堵塞播种机造成缺苗、断垄，因此需要有排堵和防缠绕性能良好的播种机。

（一）播期

在足墒、足肥播种的基础上，适期播种是培育冬前壮苗、合理调控群体、创建高质量群体的关键。适期播种主要有以下好处：一是种子的发芽、出苗、生长、分蘖等均处于适宜的温度范围内，其生长速度适宜，有利于培育壮苗；二是冬前有充足的生长时间和较足的有效积温，可使主茎达到壮株要求的较多的叶片数和相应的分蘖数，四叶以上的大蘖多，分蘖成穗率高；三是冬前营养生长好，扎根深，养分积累多，有利于小麦安全越冬。播种期过早，苗期温度太高，麦苗容易徒长，冬前群体发展难以控制，土壤水分和养分早期消耗过多，易出现先旺后弱的现象；春性较强的品种还易遭受冻害。

播期的确定一般依小麦的壮苗标准为依据。对半冬性品种而言，冬前主茎叶龄 5～7 片，单株分蘖 4～8 个，蘖根比为 1：1～2 为宜。播种至出苗需日平均 0℃以上积温 110～120℃·日。出苗至越冬，主茎每增加 1 片原叶，需 0℃以上积温 65～80℃·日。所以通常小麦从播种到入冬所需要的 0℃积温为 500～600℃·日。适宜播种的日平均气温在 15～18℃。山东全省小麦播种时间在 9 月底至 10 月中旬，15～20 天的时间。

（二）种子处理和基本苗确定

1. 种子的处理与检验　种子的处理与检验是保证小麦丰收极其重要的环节。

（1）种子的精选。要选择适应性广、抗逆性强的优质高产良种，如济麦 19、济麦 20、烟农 19、烟农 23、烟农 24 等。种子精选的目的就是在播种前将大、小粒种子分开，除去病粒、秕粒和杂质，保证大粒、饱满、均匀的籽粒作种子。保证种子的净度在98％以上。通常采用种子精选机或扬场机精选。

（2）播种前的晒种。晒种有利于打破休眠，提高发芽率，出苗整齐。一般播前1周内，选择晴天把麦子摊成3.4厘米厚，晾晒1～2天即可。

（3）拌种。播前1～2天，可用种衣剂、辛硫磷、三唑酮包衣或拌种。也可根据当地病虫草害发生规律，采用相应的药剂进行拌种处理。

（4）出苗试验。出苗率可以确切的反映种子出苗情况。一般取400～500粒种子，分为4～5组，每组100粒，在与播种期相近的环境下，分别种下并覆土4～5厘米，5～7天后观察麦苗出土情况，以平均数确认出苗率。

2. 基本苗的确定　基本苗是小麦合理密植最基本的数量指标，一般以万苗/公顷表示。由于播期不同，小麦单株分蘖和分蘖成穗率也不同，所以基本苗也应随播种期的变化而变化。首先根据播种期的积温确定可见叶片数：

$$\text{某日播种小麦的可见叶片数} = \frac{\text{该日的冬前积温} - \text{播种到出苗大约需要的积温}}{\text{主茎每长一片叶所需要的积温}}$$

$$= \frac{\text{该日的冬前积温} - 120}{80}$$

再根据叶蘖同伸规律求出单株茎数（三/1、四/2、五/3、六/5、七/8、八/13，中文数字为叶片数，阿拉伯数字为单株茎数）。

$$\text{基本苗} = \frac{\text{冬前最佳总茎数}}{\text{单株茎数}}$$

对同一品种而言，都有其合理的单位面积成穗数，可根据成穗数与冬前总茎数的关系，求得最佳总茎数。

3. 播种质量要求

（1）适时播种。胶东地区9月28日至10月10日，鲁中及鲁北地区 10 月 3～10 日，鲁南及鲁西南地区 10 月 10～20 日。

（2）保证行距、株距均匀。籽粒入土单粒间距误差不超过 10%，样段落粒误差不超过 5%。无断垄和籽粒堆积。

（3）种、肥深度均匀一致。籽粒播种深度一般为 3.5～4.5 厘米；施肥深度为种子侧下 5 厘米。

（4）种落实土，覆土严密。无间断露种和大空间透气。

（5）机械作业质量要求。

①播种量：按农艺要求范围上限误差≤0.5%，下限误差 ≤3%。

②种子机械破碎率≤0.5%，播种深度合格率≥75%。

③机具起落一致，地头、起始、结束播种位置整齐。机具行走要直。机械转弯处及地头死角要种满种严。

四、肥水运筹

（一）基肥、追肥分配比例

我国小麦产区多年的施肥经验强调以基肥为主，追肥为辅的原则。基肥种类以有机肥为主，有机肥养分全面，肥效平稳，能增加土壤有机质，改善土壤结构，但同时也要配合适量的速效化肥，才能达到增产的效果。目前有机肥的施用量有逐年减少的趋势，改善有机肥不足的有效途径之一就是采取秸秆还田措施。此项措施 20 世纪 80 年代就已经开始大面积试验和推广，区别是秸秆还田后还要深翻。对于化学肥料的使用，因氮肥施入土壤后发挥作用较快，而肥效持续时间相对较短，所以采用基肥与分期追肥的施肥方法，一般以基肥与追肥各占一半为宜；磷肥由于在土壤中的移动性较差，而且肥效比较迟缓，一般全部用作基肥。特殊情况基肥没施足，土壤缺磷时，也可开沟追肥；钾肥的使用方法，可以全部用作基肥，也可基肥、追肥分施。

高产田一般要求每公顷施有机肥 45～60 吨，中低产田每公顷施有机肥 37.5～45.0 吨。其次，要注意合理施用化肥，重点调整好氮磷配比，以提高肥效。高产田要"控氮、稳磷、增钾"，中产田要"稳氮、增磷"，低产田要"增氮、增磷"。化肥的施用量大致为：高产田一般全生育期每公顷施标准氮肥 750～1 050千克，标准磷肥 600～750 千克，钾肥 150 千克，锌肥 22.5 千克左右；中产田一般每公顷施标准氮肥 750～900 千克，标准磷肥750 千克，钾肥 75～150 千克；低产田一般每公顷施标准氮肥600～750 千克，标准磷肥 750 千克。将全部的有机肥、磷肥、钾肥基施。氮肥 50％基施，50％用于拔节期追肥。要大力推广化肥深施技术，坚决杜绝地表撒施。

（二）冬前的水肥管理

1. 苗水与分蘖水

（1）苗水。也称为蒙头水、跟种水。多在播种后土壤迅速失墒，干旱影响出苗，或出现弱苗现象时采取的浇水措施。当土壤缺氮，小麦分蘖出生慢，叶窄色淡，出现黄苗现象时，应当随浇苗水补施氮肥。实施保护性耕作的麦田，由于免耕播种大多数采用在旋耕苗带下种，浇水往往会造成沟土下溜，使麦种深度加深，影响出苗，在正常情况下，一般不宜浇蒙头水。

（2）分蘖水。在小麦分蘖期间，由于秋旱严重，土壤水分严重不足，明显影响麦苗正常分蘖及叶片生长失常，次生根少或不出时，应及时灌分蘖水、施分蘖肥。由于浇水往往会因土壤板结等影响出苗，所以在正常播种，底肥施的较足、土壤肥力较高的情况下，分蘖期不提倡进行肥水管理。

2. 灌冬水及追冬肥 灌冬水是冬小麦产区经常采用的重要措施。对于改善冬季土壤水分状况、稳定地温、沉实土壤、保护麦苗安全越冬具有非常重要的作用。冬水的灌浇时间不宜太早或过晚，太早常致麦苗过旺，或者气温太高，入冬前的水分损失过大；过晚则因气温低，容易造成冻害。一般冬水在日平均温度

3～4℃时浇灌较好，但适宜浇灌的时间太短。因此，各地大多提前浇水，山东的胶东等地一般在日平均气温 7～8℃开始浇水，到气温 4～5℃时结束。

对于地力差、基肥不足、冬前群体较小、长势较差的缺肥弱苗，一般应结合浇冬水追施一部分氮素化肥，即春肥冬施，保证第二年春季麦苗早发稳长。

（三）春季麦田的水肥管理

1. 返青水和返青肥　在有明显越冬期的北方麦区，当日平均气温上升到 0℃左右时小麦开始返青，气温达到 2℃时已明显恢复生长，北方的返青时间在 2 月底至 3 月初。浇灌返青水保持适宜的土壤水分，有助于麦苗的返青生长和幼穗分化，弥补干旱时土壤水分的不足，同时也能促使返青肥发挥作用。浇水的时间是影响浇水效果的重要因素，要根据当时的墒情和麦苗生长情况以及水源的情况，决定早浇、晚浇或者不浇。一般从惊蛰前后开始到春分前后浇完，以 5 厘米地温稳定在 5～6℃时浇水即可，浇水时间不宜过早。另外，对越冬前单株茎数只有 2～3 个，每公顷总茎数 900 万左右，返青后生长较差、春蘖少的麦田还应结合浇水追施返青肥。

对于冬前和冬季雨雪较多或浇过冬水、土壤墒情较好的麦田，不必浇返青水，浇返青水效果不显著的麦田不提倡再浇返青水；对于过旺苗，冬前群体大，返青时长势不减的壮、旺苗需要控制时也不宜施肥浇水。

2. 拔节期的水肥管理　从起身开始经过拔节、孕穗到开花，是冬小麦生育的中期阶段，在这个时期小麦的茎、叶、穗、蘖等同时快速生长，是小麦一生中发育最旺盛的阶段，也是争取穗大粒多的关键期，这个时期的主要任务就是供足水肥，保蘖增穗，保穗增粒。根据山东全省各地的调查显示，拔节期肥水得当常能增产 20%～30%，低产田的增产效果更加明显。拔节期的追肥浇水应根据苗情先促弱苗，后促壮苗，分类管理，灵活掌握。对群体够数、植株健壮、叶色正常的小麦，起身期主要是蹲苗，到拔节期再追肥浇水，一般根据具体苗情来确定追肥浇水的时间。每公顷总茎数1 200万～1 500万株的中等苗，可在春生第四叶伸出过半至第五叶露尖、第一节间接近定形、第二节间明显伸长、小蘖开始退化时追肥浇水；总茎数1 500万～1 800万株的壮苗，可在春生第五叶伸长过半至旗叶露尖时追肥浇水；总茎数超过2 400万株的旺苗，可推迟在旗叶伸长时再追肥浇水。对于土壤肥力较差、群体不足或失墒明显的麦田，起身期每公顷总茎数在1 200万以下，而且生长势弱，如返青肥施的早，应在春生第四叶露尖时提前施肥浇水。拔节水后，应及时中耕松土，保住墒情。

3. 灌浆期的水肥管理 冬小麦从开花到成熟，进入生育后期，转入了以穗粒生长为中心的生殖生长阶段，小麦抽穗后，单位面积穗数已成定局，但对于争取更多的每穗粒数，尤其是提高粒重却是非常重要的时期。小麦在生育后期对水分的需求极为敏感，需要大量的水分，耗水量能占到全生育期耗水总量的2/3。一般来说应维持土壤水分为田间最大持水量的70%～80%，当低于60%时，必须进行灌溉。小麦抽穗后应连续浇好扬花水和灌浆水，其中灌浆水的增产效果最为明显。根据生产实践经验，一般土壤保水性能好的高产田，在浇足孕穗水的基础上，于灌浆期浇一次灌浆水可基本满足需要；孕穗水没浇，或因土壤失水、缺墒等造成土壤过旱时，可增加一次抽穗扬花水。由于对是否浇麦黄水的问题存有争议，麦黄水对提高粒重和产量无明显的作用，实际生产中可根据当地的实际情况决定是否浇水。最后一次浇水不应离收获期过近，如浇水过晚，由于根系活力下降，易造成根系缺氧窒息，引起涨根烂根，植株死亡而影响产量。后期浇水为了防止小麦贪青晚熟应提早停水，同时还应注意防止小麦倒伏。

施用叶面肥：在孕穗到灌浆期，叶面喷施氮磷钾（如磷酸二氢钾）对延长叶片功能，促进碳素代谢，提高灌浆速率，增加籽粒重有很好的效果，并可促进小麦早熟。

（四）保护性耕作条件下的施肥方法

1. 基肥的施肥方法　采用保护性耕作后，由于对麦田实施免耕，施用基肥已经不能像传统方式随耕翻翻入土壤深层。目前在一年两作小麦产区，对化肥基本采用与播种同机，种、肥分施的方法，最佳施肥深度为种子侧下 50 毫米，可防止了种肥混合引起的烧种、烧苗现象。基施化肥必须是高浓度粒状复合肥或复混肥，氮磷钾有效含量 40％以上。有机肥的使用，可以在免耕播种前撒施或者集中在冻地后撒施，起到压麦防冻和促进来春秸秆的腐烂。

2. 追肥的施肥方法　与传统施肥方式基本相同，一般采用随水带肥的方法。特殊情况也可人工地表撒施或者使用机械开沟播肥，同时起到松土作用。

第三节　旱地小麦高产优质栽培技术

旱地小麦一般指北方旱地无水浇条件种植的小麦。山东省旱地面积常年达 130 万公顷以上，开发旱地小麦增产潜力，对全省小麦生产有极为重要的意义。

1. 旱地小麦增产潜力及低产原因

（1）增产潜力。北方旱地的光热资源充足，水分条件是限制产量的主要因素，可根据水资源估算小麦生产潜力。常有的简单方法是根据土壤蓄水与生产期降水量，以及水分的利用效率进行估算。所谓水分利用率是指 1 毫米降水生产经济产量的数量。其倒数，即每形成 1 千克经济产量所耗用的降水毫米值，称耗水系数。

旱地小麦所需水分来源于两方面，一是小麦播种前土壤蓄水；二是小麦生育期降雨。对于土层深厚的地块，前者可占到小麦需水量的一半以上。一般每米土层贮藏雨水的能力，壤土为300～345 毫米、沙土为 180～210 毫米、黏土为 330～390 毫米。其中有效蓄水量，即田间持水量至凋萎系数之间的水分，壤土可达 180～220 毫米、沙土 130～160 毫米、黏土 130～170 毫米。小麦的根深可达 2～3 米以上，其对不同土层的土壤有效蓄水的利用程度，0～1 米可达 100%，1～2 米可达 90%以上，更深层的土壤水分也有一定的利用，并且下层土壤对上层水分的消耗有一定的缓解作用。

（2）旱地小麦低产的原因。

①干旱缺水。北方旱区降水较少，并分布不均，主要集中夏末秋初，降水季节与小麦生长季节不相吻合。小麦生长季节多出现不同程度干旱，严重影响小麦的正常生长和产量的形成。

②土壤贫瘠，土层薄。山东省耕地有机质含量低，耕层土壤浅，因而土壤保肥蓄水能力弱，影响小麦的生长发育。

③苗弱。旱地小麦因肥水供应不足，冬前麦苗瘦弱，不能形成较大的绿叶面积，光能利用率较低；地下部不能形成强大的根系，不利于深层土壤水分的利用；生长后期早衰，穗数不足，穗小、粒重低。

④耕作粗放。播种措施不当，播种时失墒；播种过晚或偏早形成晚茬弱苗或"老弱苗"；播种质量差，缺苗断垄严重；群体结构不合理，群体太小不能形成足够的穗数，或群体太大生长后期早衰。

2. 主要生产技术措施

（1）迅速提高地力的施肥技术。山东省旱地小麦增产的主要限制因素是土壤肥力问题。低产旱田，可以通加大量增施肥料来大幅度增加产量，在较大的施肥量范围内，产量随施肥量增加而提高。同时，增施有机肥及氮磷化肥也可有效地培肥地力。综合生产实践的经验，为了迅速提高地力，增加产量，旱地小麦施肥应掌握以下技术要点：

①有机肥与无机肥配合施用。旱薄地使用有机肥既增加了土壤的养分供给又改善了土壤的理化性质，有利于提高土壤蓄水量。有机肥供肥能力弱，随着小麦产量的提高，不能满足高产的要求，因而就需要增施速效化肥保障小麦的养分供给。

②氮磷配合施用。旱地薄田多缺磷，因而增施磷肥的增产效果比增施氮肥明显，两者配合使用效果最佳。

③采用"一炮轰"的施肥方法。旱地小麦因无水浇条件的限制，追肥效果差。实践表明，旱地小麦将全部肥料作底肥一次性施足，效果比后期追肥好。

④储备性施肥。为培肥地力，所施肥料除满足当季小麦生长需要外，还应使土壤养分有所盈余，这称为储备性施肥。新开垦薄地应尽量多施肥料，特别是磷肥，待地力提高后再适当减少，以降低成本。

（2）蓄水保墒的耕作制度。旱地小麦产量与雨季渗入土壤的有效水密切相关。在生长期降水很少，或很不均衡的情况下，播种前积蓄在土壤中的雨季降雨可起到有效的调节作用，使小麦获得较稳定的产量。

合理轮作，安排好茬口是积蓄土壤水分的最有效措施。土层厚的旱地，在雨水充足的年份，实行小麦—夏玉米一年两作可获得较高的全年产量，土层浅或干旱年份，秋茬地土壤蓄水大幅度减少，小麦产量极不稳定，采用春花生—小麦—夏玉米两年三作制，不仅小麦高产稳产，全年产量也高。

在耕作措施中，前茬作物收获前中耕，前茬作物收获后早耕，适墒耕地，精耕细耙，耙耢结合，播种前后的镇压都是有效的措施。

深耕的蓄墒作用早已为实践所证明，通过深耕，打破犁底层，可有效地增加耕后和来年雨季降水的积蓄量。此外，还能扩大根系的吸收面积，增强小麦的抗旱能力。但是播种前的深耕容易造成土壤失墒，在干旱的年份尤为明显，因此，干旱的时节，播种前耕作应采用"少耕法"，即适当浅耕、松而不翻、减少耕作次数等，能减少耕层失墒，保墒效果好。

（3）培肥壮苗的播种技术。苗壮才能丰产，有效地发挥土壤的生产潜力。培育壮苗，需要采取综合的技术措施，诸如施足底肥，足墒播种，选大粒种子，适当浅播等。在土壤水分和养分不成限制性因素的前提下，培育壮苗的最有效的措施是在最佳播期播种。壮苗的标准不仅要求冬前营养生长量等数量指标适宜，还要具有较好的质量指标，如麦苗生长活力高。主要表现是：冬前主茎叶片 5～7 片，分蘖数及叶片大小适中，不过旺或过弱，冬季抗冻，有较多的绿叶越冬，冬季还苗返青早，分蘖成穗率高，总根量大，冬前根系下扎到水分稳定层以下，根系分布垂直递减度小，深层根系发达，生长后期不早衰。

（4）高产低耗的群体结构。旱地小麦由于受土壤蓄水量有限和生长期内降水较少的限制，其苗数不宜过大。苗数多，群体过大，土壤水肥被过早消耗，过早降至有效供水界线之下。冬前群体小，可在生长前期节约用水供后期利用，从而有利于穗大粒重。

（5）选用抗旱品种。旱地小麦的种植一定要选用抗旱品种，并要具有较好的抗冻性。抗旱品种以其对地力的反映可分为抗旱耐瘠型和抗旱耐肥型。土壤贫瘠的旱地应选用抗旱性好、耐贫瘠、生长旺盛且具有较强抗旱性的品种。土壤肥沃的旱地，应选用抗旱性好、抗倒伏、具有较大增产潜力的抗旱性品种。

此外，要加强对小麦的田间管理。旱地小麦的管理重点是保墒防旱，并要注意麦田病虫害的发生。

第四节　小麦规范化播种技术

随着小麦产量水平和机械化作业程度的提高，小麦高产生产中，播种技术的好坏在很大程度上决定着小麦产量的高低。小麦规范化播种技术对于确保小麦高产和稳产具有重要的作用。小麦规范化播种的关键技术包括：

一、选用适宜的优良小麦品种

在生产中，良种的选用应根据本地区的气候、土壤、地力、种植制度、产量水平和病虫害情况等来定。

1. 根据本地区的气候条件选用小麦品种　为预防小麦冬春旺长、冻害和后期倒伏、早衰，近几年小麦冻害和倒伏严重的地块，要选用抗冻性较强、抗倒伏能力强的冬性、半冬性或春性品种。

2. 根据生产水平选用良种　如在旱薄地应选用抗旱耐瘠品种；在土层较厚、肥力较高的旱肥地，应种植抗旱耐肥的品种；而在肥水条件良好的高产田，应选用丰产潜力大的耐肥、抗倒品种。

3. 根据当地自然灾害的特点选用良种　在干热风发生严重的地区，应选用抗早衰、抗青干的品种；在锈病感染较重的地区应选用抗（耐）锈病的品种；南方多雨、渍涝严重的地区，日照少，穗分化时间较长，宜选用抗（耐）赤霉病及种子休眠期长的品种。

4. 籽粒品质和商品性好　包括营养品质好，加工品质符合制成品的要求，籽粒饱满、容重高、销售价格高。

5. 选用良种要经过试验、示范　在种植当地主要推广良种的同时，要注意积极引进新品种进行试验、示范。

二、培肥地力，提高土壤产出能力

1. 搞好秸秆还田，增施有机肥　秸秆还田是提高土壤有机质含量的重要途径。但秸秆还田时应注意，尽量将玉米秸秆粉碎的细一些，一般要用玉米秸秆还田机打两遍，秸秆长度低于 10厘米，最好在 5～7 厘米。此外，秸秆还田后应灌水造墒或在小麦播种后立即浇蒙头水，墒情适宜时及时划锄破土，辅助出苗。这样，有利于小麦苗全、苗齐、苗壮。造墒时，每公顷灌水 600米^3。如果土壤墒情较好不需要浇水造墒，要将粉碎的玉米秸秆耕翻或旋耕之后，用镇压器多遍镇压，以保证小麦出苗后根系正常生长，并提高抗旱能力。

此外，各地要在推行玉米联合收获和秸秆还田的基础上，广辟肥源、增施农家肥，努力改善土壤结构，提高土壤耕层的有机质含量。一般每公顷施有机肥 45 吨左右。

2. 测土配方施肥　各地要因地制宜合理确定化肥基施比例，优化氮、磷、钾配比，大力推广化肥深施技术。单产在 9 000 千克/公顷的超高产田，全生育期一般每公顷需纯氮 240 千克，磷（P_2O_5）110～180 千克，钾（K_2O）112.5 千克，硫酸锌 15 千克；7 500 千克/公顷左右的高产田一般需纯氮 210 千克，磷120～150 千克，钾 112.5 千克；4 500～6 000 千克/公顷的中产田，一般施纯氮 180～210 千克，磷 120～150 千克。高、中产田应将全部有机肥、氮的 50% 和全部磷、钾肥均施作底肥，第二年春季，小麦起身拔节期再施 50% 氮肥；超高产田应将全部有机肥、氮肥的 40%～50%，全部的磷、锌肥和 50% 钾肥施作底肥，第二年春季小麦拔节期再施 50%～60% 氮肥和 50% 钾肥。同时，要大力推广化肥深施技术，坚决杜绝地表撒施。

三、耕翻和耙耢相结合，提高整地质量

耕作整地是小麦播前准备的主要技术环节，这与小麦丰产有着密切关系。整地要重点注意以下几点：

1. 因地制宜确定深耕或旋耕　对采用秸秆还田的高产田，

尤其是高产创建地块，要增加耕翻深度，努力扩大机械深耕面积。土层深厚的高产田，深耕时耕深要达到 25 厘米左右，中产田 20 厘米左右，对于犁底层较浅的地块，耕深要逐年增加。但因深耕效果可以维持多年，对于一般地块，不必年年深耕，而应用旋耕，浅耕等。进行玉米秸秆还田的麦田，由于旋耕机的耕层浅，采用旋耕的方法难以完全掩埋秸秆，所以应将玉米秸秆粉碎，尽量打细，旋耕 2 遍，效果才好。对于深松地块，深松犁深度要达到 35 厘米以下的土层中，打破犁底层，以利于蓄水保墒和小麦根系下扎。

2. 耕翻与耙耢相结合　耕翻后耙耢可使土壤细碎，消灭坷垃，上松下实，底墒充足。因此，各类耕翻地块都要及时耙耢。尤其是采用秸秆还田和旋耕机旋粉地块。由于耕层土壤暄松，容易造成小麦播种过深，形成深播弱苗，影响小麦分蘖的发生，造成穗数不足，降低产量。旋耕地块由于土壤松散，失墒较快，应在耕翻后尽快耙耢、镇压 2～3 遍，以破碎土垡，耙碎土块，疏松表土，平整地面，上松下实，减少蒸发，抗旱保墒，使耕层紧密，播种后种子与土壤紧密接触，保证播种深度一致，出苗整齐健壮。

3. 按规格作畦　有水浇条件的麦田，要在整地时打埂筑畦，实行小麦畦田化栽培，以便于精细整地，保证播种深浅一致，浇水均匀，节省用水。畦的大小应因地制宜，水浇条件好的可采用大畦，水浇条件差的可采用小畦。畦宽 1.6～3.0 米，畦埂 35 厘米左右。在确定小麦播种行距和畦宽时，要充分考虑农业机械的作业规格要求和下茬作物直播或套种的需求。

四、提高播种质量，确保苗齐苗匀

提高播种质量是保证小麦苗全、苗匀、苗壮，群体合理发展和实现小麦丰产的基础。秋种中应重点抓好以下几个环节：

1. 认真搞好种子处理　提倡用种衣剂进行种子包衣，预防苗期病虫害。没有用种衣剂包衣的种子要用药剂拌种。根病发生较重的地块，可选用 2％立克莠按种子质量的 0.10％～0.15％拌种，或 20％粉锈宁按种子量的 0.15％拌种；地下害虫发生较重的地块，可选用 35％甲基硫环磷乳油，按种子量的 0.2％拌种；病、虫混发地块可选用以上药剂（杀菌剂＋杀虫剂）混合拌种。由于拌种对小麦出苗有影响，播种量应适当加大 10％～15％。

2. 适期播种　播种过早或过晚都会影响出苗质量。各地应根据生产实际确定适宜的播期。以山东省为例，鲁东、鲁中、鲁北的小麦适宜播期宜为 10 月 1～10 日，其中最佳播期为 10 月 3～8 日；鲁西的适宜播期为 10 月 3～12 日，其中最佳播期为 10 月 5～10 日；鲁南、鲁西南为 10 月 5～15 日，其中最佳播期为 10 月 7～12 日。

3. 足墒播种　小麦出苗的适宜土壤湿度为田间持水量的 70％～80％。秋种时若墒情适宜，要在秋作物收获后及时耕翻，并整地播种；墒情不足的地块，要注意造墒播种。在适期内，应掌握"宁可适当晚播，也要造足底墒"的原则，做到足墒下种，确保一播全苗。对于玉米秸秆还田的地块，应在还田后灌水造墒；土壤黏重的地块也可在小麦播种后立即浇蒙头水，墒情适宜时划锄破土，辅助出苗，足墒播种。造墒时，每亩灌水 40 米^3。

4. 适量播种　小麦的适宜播量因品种、播期、地力水平等条件而异。在适期播种情况下，成穗率高的中穗型品种，精播高产麦田，每公顷基本苗 150 万～180 万，半精播中高产田每公顷基本苗 195 万～240 万，成穗率低的大穗型品种适当增加基本苗。旱作麦田每公顷基本苗 225 万左右，晚茬麦田根据晚播的天数适当增加基本苗，每公顷基本苗 300 万～450 万。

5. 机械匀播，提高播种质量　当前，小麦耕地、整地、播种都是机械化作业，机手的作业技术水平和认真程度是决定播种质量高低的重要因素。播种机行走速度为每小时 5 千米，并保证播量准确、深度 3～5 厘米，行距一致，不漏播、不重播。

6. 播后镇压 小麦播后镇压是提高小麦苗期抗旱能力和出苗质量的有效措施。在小麦播种时，要随种随压，也可在小麦播种后用镇压器镇压 2 遍，提高镇压效果。对于秸秆还田的地块，如果土壤墒情较好不需要浇水造墒时，要将粉碎的玉米秸秆耕翻或旋耕之后，用镇压器镇压，小麦播种后再镇压，保证小麦出苗后根系正常生长。

7. 查苗补种，杜绝缺苗断垄 小麦要高产，苗全、苗匀是关键。因此，小麦出苗后，要及时检查小麦出苗情况，对于有缺苗断垄地块，要尽早进行补种，墒情差的要结合浇水进行补种。

第五章

黄淮海主推高产优质小麦良种及其栽培技术要点

第一节 优质强筋小麦品种及其栽培技术要点

1. 郑麦 9023

（1）品种来源。由河南省农业科学院小麦研究所高产育种研究室选育而成，亲本组合为〔小偃 6 号/西农 65//83（2）3～3/84（14）43〕F_3/3/陕 213。2001 年通过河南省、湖北省品种审定，2002 年通过安徽省、江苏省品种审定。

（2）特征特性。弱春性，幼苗偏直立，叶色深绿，叶片宽大，苗壮，分蘖力中等，成穗率较高，一般每 667 米^2 成穗 35 万株左右。株型紧凑，通风透光性好，株高 80～85 厘米，茎秆粗壮弹性好，抗倒伏能力强，穗纺锤形，结实性较好，每穗结实 30～35 粒。长芒，白壳，籽粒白色、角质，千粒重 45～47 克，饱满度好，商品性佳。灌浆快，晚播早熟，穗层整齐，后期熟相好。经农业部质量监督检验测试机构品质测试，角质率超过 90%，粗蛋白质含量 15.2%，湿面筋含量 35.7%，沉降值 55.2 毫升，面团形成时间 10.5 分钟，面团稳定时间 19.9 分钟，品质指标超过国标强筋优质小麦品种一级标准，特别是面筋强度较高，具有较高的制粉附加值。综合抗性较好，耐渍性强，耐肥抗倒。经河南省农业科学院植物保护所和陕西农业科学院植物保护所鉴定，高抗赤霉病，属抗扩展类型，高抗梭条花叶病毒病，中抗叶枯病、叶锈病、条锈病，纹枯病轻。

（3）产量表现。2002 年参加黄淮冬麦区南片水地晚播组区域试验，平均单产 6 873 千克/公顷，比对照豫麦 18 增产 4.7%；2003 年续试，平均单产 6 727.5 千克/公顷，比对照豫麦 18 增产 2.7%；2003 年参加生产试验，平均单产 6 240 千克/公顷，比对照豫麦 18 增产 2.1%。2002 年参加长江流域冬麦区中下游组区域试验，平均单产 5 056.5 千克/公顷，比对照扬麦 158 增产 5.9%；2003 年续试，平均单产 4 638 千克/公顷，比对照扬麦 158 增产 3%。2003 年参加生产试验，平均单产 4 318.5 千克/公顷，比当地对照减产 2.1%。

（4）栽培要点。注意适期晚播防止冻害。黄淮冬麦区南片适播期为 10 月 15～25 日，长江中下游麦区适播期为 10 月 25 日至 11 月 5 日。播种量为每公顷 105～135 千克，基本苗要求为每公顷 225 万～300 万株。生育中后期注意防治白粉病和穗蚜。在黄淮冬麦区南片种植，注意氮肥后移，保证中后期氮素供应，确保强筋品质。

（5）适宜范围。适宜在黄淮冬麦区南片的河南省、安徽北部、江苏北部、陕西关中地区晚茬种植。长江中下游麦区的安徽和江苏沿淮地区、河南南部及湖北省麦区中上等肥力地块种植。

2. 烟农 19

（1）品种来源。由烟台市农业科学院选育而成，亲本组合为烟 1933/陕 82 - 29。2001 年通过山东省农作物品种审定委员会审定。

（2）特征特性。全生育期 245 天，冬性，幼苗半匍匐，叶色呈深黄绿色，叶片上冲，株高 80～85 厘米，分蘖成穗率高，中大穗，穗长方形，长芒、白壳、白粒、角质，穗粒数 38 粒左右，千粒重 40 克左右，抗寒、抗病能力强，尤其高抗赤霉病。耐瘠性好，后期活力好，抗干热风，熟性好。经农业部谷物品质监督检验测试中心分析，稳定时间为 13.5 分钟，面包体积 825 厘米^3，面包评分 88.8 分，为优质面包小麦。

（3）产量表现。1997—1999 年参加山东省高肥区试，30 点次平均单产 7 254 千克/公顷，与对照相当，2000 年生产试验平均单产 7 191 千克/公顷，比对照增产 1.3%。1999—2001 年参加江苏省区试及生产试验，平均单产 7 183.5～7 806 千克/公顷，比对照增产 9.5%～13.7%。2002—2004 年参加山西省区试及生产试验，平均单产 5 586.0～6 130.5 千克/公顷，比对照增产 3.8%～11.0%。

（4）栽培要点。适宜播期为 10 月上旬，一般每公顷基本苗 105 万～120 万株，节水地块适当增加播量，一般每公顷基本苗 180 万～225 万株；施足基肥，注意氮、磷、钾肥配合施用，不要偏施氮肥，保证苗齐、苗匀、苗壮；浇好越冬水。春季抓好划锄保墒，第一次肥水在拔节后期或挑旗期。该品种在肥水较大地块易倒伏，管理上应适当控制播量，合理肥水，并采取化控措施增强抗倒性，及时防治白粉病。

（5）适宜范围。适宜山东省单产 6 000～7 500 千克/公顷的地块、安徽和江苏两省淮北麦区、山西南部、北京郊区中水肥地种植。

3. 西农 979

（1）品种来源。由西北农林科技大学小麦育种研究室选育而成，亲本组合为西农 2611/（918/95 选 1）F_1。2005 年分别通过国家和陕西省品种审定。

（2）特征特性。半冬性，早熟。幼苗匍匐，叶片较窄，分蘖力强，成穗率较高。株高 75 厘米左右，茎秆弹性好，株型略松散，穗层整齐，旗叶窄长、上冲。穗纺锤形，长芒，白壳，白粒，籽粒角质，较饱满，色泽光亮，黑胚率低。平均公顷穗数 640.5 万穗，穗粒数 32 粒，千粒重 40.3 克。苗期长势一般，越冬抗寒性好，抗倒春寒能力稍弱；抗倒伏能力强；不耐后期高温，有早衰现象，熟相一般。接种抗病性鉴定：中抗至高抗条锈病，慢秆锈病，中感赤霉病和纹枯病，高感叶锈病和白粉病。田间自然鉴定，高感叶枯病。2004 年、2005 年分别测定混合样：容重 804 克/升、784 克/升，蛋白质（干基）含量 13.96%、15.39%，湿面筋含量 29.4%、32.3%，沉降值 41.7 毫升、49.7 毫升，吸水率 64.8%、62.4%，面团形成时间 4.5 分钟、6.1 分钟，稳定时间 8.7 分钟、17.9 分钟，最大抗延阻力 440E.U.、564E.U.，拉伸面积 94 厘米^2、121 厘米^2，属强筋品种。

（3）产量表现。2003—2004 年度参加黄淮冬麦区南片冬水组区域试验，平均单产 8 052 千克/公顷，比高产对照豫麦 49 减产 1.5%，比优质对照藁麦 8901 增产 5.6%；2004—2005 年度区试，平均单产 7 233 千克/公顷，比高产对照豫麦 49 减产 0.6%，比优质对照藁麦 8901 增产 6.4%。2004—2005 年度参加生产试验，平均单产 6 864 千克/公顷，比对照豫麦 49 减产 0.2%。

（4）栽培要点。①选用地力水平为 6 000 千克/公顷以上的肥水地种植，施足基肥，有机肥与无机肥配合，氮肥与磷肥配合，基肥中氮肥用量占全生育期氮肥用量 70%～75%；②适播期为 10 月上、中旬，每公顷播量 90～120 千克，基本苗每公顷 180 万～225 万株，冬前群体 825 万～900 万/公顷，春季最大群体 1 200 万～1 350 万/公顷，成穗数为 600 万～675 万/公顷；③适时冬灌，酌情春灌，旱年浇好灌浆水，结合冬灌追施氮肥，氮肥追肥量占全生育期氮肥总用量的 25%～30%，留 2%～3% 的氮肥用于抽穗灌浆期叶面追肥；④在白粉病和条锈病重发区或重发年份，及时防治白粉病和条锈病，在小麦抽穗开花期及时进行"一喷三防"，结合"一喷三防"，喷施磷酸二氢钾和进行叶面喷肥，延长叶功能期，增加粒重，确保优质高产。

（5）适宜范围。适宜在黄淮冬麦区南片的河南省中北部、安

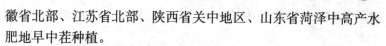

徽省北部、江苏省北部、陕西省关中地区、山东省菏泽中高产水肥地早中茬种植。

4. 郑麦 366

（1）品种来源。由河南省农业科学院小麦研究所选育而成，亲本组合为豫麦 47/PH82-2-2。2005 年通过国家和河南省农作物品种审定委员会审定。

（2）特征特性。半冬性，早中熟，成熟期比对照豫麦 49 早 1～2 天。幼苗半匍匐，叶色黄绿。株高 70 厘米左右，株型较紧凑，穗层整齐，穗黄绿色，旗叶上冲。穗纺锤形，长芒，白壳，白粒，籽粒角质，较饱满，黑胚率中等。平均穗数为 594 万/公顷，穗粒数 37 粒，千粒重 37.4 克。抗冬寒能力强，抗倒春寒能力偏弱，抗倒伏性好，不耐干热风，后期熟相一般。接种抗病性鉴定：高抗条锈病和秆锈病，中抗白粉病，中感赤霉病，高感叶锈病和纹枯病。田间自然鉴定，高感叶枯病。2004 年、2005 年分别测定混合样：容重 795 克/升、794 克/升，蛋白质（干基）含量 15.09%、15.29%，湿面筋含量 32%、33.2%，沉降值 42.4 毫升、47.4 毫升，吸水率 63.1%、63.1%，面团形成时间 6.4 分钟、9.2 分钟，稳定时间 7.1 分钟、13.9 分钟，最大抗延阻力 462E.U.、470E.U.，拉伸面积 110 厘米^2、104 厘米^2，属强筋品种。

（3）产量表现。2003—2004 年度参加黄淮冬麦区南片冬水组区域试验，平均单产 8 173.5 千克/公顷，比高产对照豫麦 49 增产 0.7%，比优质对照藁麦 8901 增产 7.2%；2004—2005 年度续试，平均单产 7 243.5 千克/公顷，比高产对照豫麦 49 减产 0.3%；比优质对照藁麦 8901 增产 6.5%。2004—2005 年度参加生产试验，平均 6 900 千克/公顷，比对照豫麦 49 增产 0.3%。

（4）栽培要点。适播期 10 月 10～25 日，每公顷适宜基本苗 180 万～240 万株。注意防治纹枯病、叶枯病和赤霉病。

（5）适宜范围。适宜在黄淮冬麦区南片的河南省中北部、安徽省北部、陕西省关中地区、山东省菏泽中高产水肥地早中茬种植。

5. 师栾 02 - 1

（1）品种来源。由河北师范大学和栾城县原种场选育而成，亲本组合为 9411/9430。2004 年河北省农作物品种审定委员会审定，2007 年通过国家农作物品种审定委员会审定。

（2）特征特性。半冬性，中熟，成熟期比对照石 4185 晚 1 天左右。幼苗匍匐，分蘖力强，成穗率高。株高 72 厘米左右，株型紧凑，叶色浅绿，叶小上举，穗层整齐。穗纺锤形，护颖有短绒毛，长芒，白壳，白粒，籽粒饱满，角质。平均公顷穗数 675 万，穗粒数 33 粒，千粒重 35.2 克。春季抗寒性一般，旗叶干尖重，后期早衰。茎秆有蜡质，弹性好，抗倒伏。抗寒性鉴定：抗寒性中等。抗病性鉴定：中抗纹枯病，中感赤霉病，高感条锈病、叶锈病、白粉病、秆锈病。2005 年、2006 年分别测定混合样：容重 803 克/升、786 克/升，蛋白质（干基）含量 16.30%、16.88%，湿面筋含量 32.3%、33.3%，沉降值 51.7 毫升、61.3 毫升，吸水率 59.2%、59.4%，稳定时间 14.8 分钟、15.2 分钟，最大抗延阻力 654E.U.、700E.U.，拉伸面积 163 厘米^2、180 厘米^2，面包体积 760 厘米^3、828 厘米^3，面包评分 85 分、92 分。

（3）产量表现。2004—2005 年黄淮冬麦区北片水地组品种区域试验，平均 7 375.5 千克/公顷，比对照石 4185 增产 0.14%；2005—2006 年度续试，平均 7 372.5 千克/公顷，比对照石 4185 减产 1.21%。2006—2007 年度生产试验，平均 8 413.5 千克/公顷，比对照石 4185 增产 1.74%。

（4）栽培要点。适宜播期 10 月上旬，每公顷基本苗 150 万～225 万株，后期注意防治条锈病、叶锈病、白粉病等。

（5）适宜范围。适宜在黄淮冬麦区北片的山东中部和北部、河北中南部、山西南部中高水肥地种植。

第二节　优质中筋小麦品种及其
　　　　栽培技术要点

1. 济麦 22

（1）品种来源。由山东省农业科学院作物研究所育成，亲本组合为 935024/935106。2006 年通过山东省和国家农作物品种审定委员会审定，2008 年获得江苏省认定。

（2）特征特性。半冬性，幼苗半匍匐，中早熟，株高 75 厘米左右，株型紧凑，叶片较小上冲，抗寒性好，抽穗后茎叶蜡质明显，长相清秀，茎秆弹性好，抗倒伏，抗干热风，熟相好；分蘖力强，成穗率高；穗长方形，长芒、白壳、白粒，籽粒硬质饱满；公顷有效穗 600 万～675 万穗，穗粒数 36～38 粒，千粒重 42～45 克，容重 800 克/升左右。2006 年经中国农业科学院植保所抗病性鉴定：中抗至中感条锈病，中抗白粉病，易感叶锈病、赤霉病和纹枯病。2005—2006 两年经农业部谷物品质监督检验测试中心测试平均：籽粒蛋白质 14.27%、湿面筋 33.1%、出粉率 68%、吸水率 62.2%、形成时间 4.0 分钟、稳定时间 3.3 分钟。

（3）产量表现。2004—2006 年度参加山东省区试，两年均列第一名，平均单产 8 052 千克/公顷，比对照极显著增产 10.79%，生产试验平均 7 786.5 千克/公顷，比对照增产 4.05%；2004—2006 年度参加国家黄淮北片区试，平均 7 771.2 千克/公顷，比对照显著增产 4.67%，生产试验平均比对照增产 2.05%。

（4）栽培要点。施足底肥，精细耕作。适宜播期 10 月 1～15 日。适宜播量每公顷基本苗 180 万株左右。适时浇冬水。春季第一水宜在拔节期，同时追施尿素 225 千克或碳酸氢铵 400 千克。浇好灌浆水。抽穗后及时防治蚜虫，适时收获。

（5）适宜范围。适宜在黄淮冬麦区北片的山东、河北南部、山西南部、河南安阳和濮阳及江苏省北部中高水肥地块种植。

2. 百农 AK58

（1）品种来源。由河南科技学院选育，亲本组合为周麦 11/温麦 6 号/郑州 8960。2005 年通过河南省和国家审定。

（2）特征特性。半冬性，中熟，成熟期比对照豫麦 49 晚 1 天。幼苗半匍匐，叶色淡绿，叶短上冲，分蘖力强。株高 70 厘米左右，株型紧凑，穗层整齐，旗叶宽大、上冲。穗纺锤形，长芒，白壳，白粒，籽粒短卵形，角质，黑胚率中等。平均公顷穗数 607.5 万，穗粒数 32.4 粒，千粒重 43.9 克；苗期长势壮，抗寒性好，抗倒伏性强，后期叶功能好，成熟期耐湿害和高温危害，抗干热风，成熟落黄好。接种抗病性鉴定：高抗条锈病、白粉病和秆锈病，中感纹枯病，高感叶锈病和赤霉病。田间自然鉴定，中抗叶枯病。2004 年、2005 年分别测定混合样：容重 811 克/升、804 克/升，蛋白质（干基）含量 14.48%、14.06%，湿面筋含量 30.7%、30.4%，沉降值 29.9 毫升、33.7 毫升，吸水率 60.8%、60.5%，面团形成时间 3.3 分钟、3.7 分钟，稳定时间 4.0 分钟、4.1 分钟，最大抗延阻力 212E.U.、176E.U.，拉伸面积 40 厘米^2、34 厘米^2。

（3）产量表现。2003—2004 年度参加黄淮冬麦区南片冬水组区域试验，平均单产 8 610 千克/公顷，比对照豫麦 49 增产 5.4%；2004—2005 年度续试，平均单产 7 900.5 千克/公顷，比对照豫麦 49 增产 7.7%。2004—2005 年度参加生产试验，平均单产 7 614 千克/公顷，比对照豫麦 49 增产 10.1%。

（4）栽培要点。适播期 10 月上中旬，每公顷适宜基本苗 180 万～240 万株，注意防治叶锈病和赤霉病。

（5）适宜范围。适宜在黄淮冬麦区南片的河南省中北部、安徽省北部、江苏省北部、陕西关中地区、山东菏泽中高产水肥地早中茬种植。

3. 皖麦 52

（1）品种来源。由安徽省宿州市种子公司选育，亲本组合为郑州 8329/皖麦 19。2004 年安徽省农作物品种审定委员会审定，2007 年通过国家农作物品种审定委员会审定。

（2）特征特性。半冬性，中晚熟。幼苗半匍匐，叶细长，上冲，分蘖力中等，成穗率较高。株高 85 厘米左右，株型较紧凑，旗叶宽短、上冲。穗层厚，穗纺锤形，穗多穗匀，穗头偏小，长芒，白壳，白粒，籽粒半角质，光泽好，饱满度较好，黑胚率中等，商品性较好。平均穗数为 600 万，穗粒数 36.3 粒，千粒重 40.9 克。苗期生长健壮，抗寒性较好。起身较早，两极分化快，抽穗较迟。对春季低温较敏感。具有一定耐旱性，熟相好。茎秆弹性一般，抗倒伏能力中等。抗病性鉴定：中抗至慢叶锈病，中感秆锈病、白粉病、条锈病，高感赤霉病、纹枯病。区试田间表现：中感叶锈病。2006 年、2007 年分别测定混合样：容重 796 克/升、798 克/升，蛋白质（干基）含量 13.41%、14.85%，湿面筋含量 31.2%、32.3%，沉降值 29.3 毫升、26.2 毫升，吸水率 66.7%、51.2%，稳定时间 2.6 分钟、2 分钟，最大抗延阻力 120E. U.、193E. U.，延伸性 14.5 厘米、15.4 厘米，拉伸面积 26 厘米^2、43 厘米^2。

（3）产量表现。2005—2006 年度参加黄淮冬麦区南片冬水组品种区域试验，平均单产 8 398.5 千克/公顷，比对照 1 新麦 18 增产 6.29%，比对照 2 豫麦 49 增产 6.82%；2006—2007 年度续试，平均 8 320.5 千克/公顷，比对照新麦 18 增产 6.29%。2006—2007 年度生产试验，平均 7 891.5 千克/公顷，比对照新麦 18 增产 6.3%。

（4）栽培要点。适宜播期 10 月上中旬，每公顷适宜基本苗 150 万～210 万株。高水肥地注意防倒伏。注意防治赤霉病和纹枯病。

（5）适宜范围。适宜在黄淮冬麦区南片的河南省中北部，安徽省北部、江苏省北部、陕西省关中地区、山东省菏泽地区中高肥力地块早中茬种植。

4. 邯6172

(1) 品种来源。由河北省邯郸市农业科学院选育，亲本组合为4032×中引1号。2001年河北省农作物品种审定委员会审定，2003年通过国家农作物品种审定委员会审定（黄淮北片）。

(2) 特征特性。半冬性，中熟，成熟期比对照豫麦49晚1天。幼苗匍匐，分蘖力强，叶色深，叶片窄长。株高81厘米，株型紧凑，旗叶上冲，抗倒性一般。穗层较整齐，穗纺锤形，长芒，白壳，白粒，籽粒半角质。成穗率较高，平均公顷穗数600万，穗粒数31粒，千粒重39克。越冬抗寒性好，耐后期高温，熟相好。高抗条锈病，中抗纹枯病，高感赤霉病，高感叶锈病和白粉病，对秆锈病免疫。容重796克/升，粗蛋白含量14.2%，湿面筋含量32.1%，沉降值28.2毫升，吸水率64.3%，面团稳定时间2.5分钟，最大抗延阻力87E.U.，拉伸面积21厘米^2。

(3) 产量表现。2002年参加黄淮冬麦区南片水地早播组区域试验，平均单产7 056千克/公顷，比对照豫麦49增产8.1%；2003年续试，平均单产7 299千克/公顷，比对照豫麦49增产6.4%。2003年参加生产试验，平均7 221千克/公顷，比对照豫麦49增产6.9%。

(4) 栽培要点。适宜播期为10月上、中旬，每公顷基本苗225万～270万株。田间管理中，保证起身拔节肥水，浇好孕穗水和灌浆水，高产田注意防止倒伏。注意防治叶锈病、白粉病、赤霉病和蚜虫等病虫为害。

(5) 适宜范围。适宜在黄淮冬麦区北片的河北中南部、山西中南部和山东中上等水肥地，黄淮冬麦区南片的江苏北部、安徽北部、河南中北部、陕西关中地区的高中水肥麦田早茬种植。

5. 周麦 22

（1）品种来源。由河南省周口市农业科学院育成，亲本组合为周麦 12/温麦 6 号//周麦 13。2007 年通过国家农作物品种审定委员会审定。

（2）特征特性。半冬性，中熟，比对照豫麦 49 晚熟 1 天。幼苗半匍匐，叶长卷、叶色深绿，分蘖力中等，成穗率中等。株高 80 厘米左右，株型较紧凑，穗层较整齐，旗叶短小上举，植株蜡质厚，株行间透光较好，长相清秀，灌浆较快。穗近长方形，穗较大，均匀，结实性较好，长芒，白壳，白粒，籽粒半角质，饱满度较好，黑胚率中等。平均公顷穗数 547.5 万，穗粒数 36 粒，千粒重 45.4 克。苗期长势壮，冬季抗寒性较好，抗倒春寒能力中等。春季起身拔节迟，两极分化快，抽穗迟。耐后期高温，耐旱性较好，熟相较好。茎秆弹性好，抗倒伏能力强。抗病性鉴定：高抗条锈病，抗叶锈病，中感白粉病、纹枯病，高感赤霉病、秆锈病。区试田间表现：轻感叶枯病，旗叶略干尖。2006 年、2007 年分别测定混合样：容重 777 克/升、798 克/升，蛋白质（干基）含量 15.02%、14.26%，湿面筋含量 34.3%、32.3%，沉降值 29.6 毫升、29.6 毫升，吸水率 57%、66.0%，稳定时间 2.6 分钟、3.1 分钟，最大抗延阻力 149E. U.、198E. U.，延伸性 16.5 厘米、16.4 厘米，拉伸面积 37 厘米^2、46 厘米^2。

（3）产量表现。2005—2006 年度参加黄淮冬麦区南片冬水组品种区域试验，平均单产 8 149.5 千克/公顷，比对照 1 新麦 18 增产 4.4%，比对照 2 豫麦 49 号增产 4.92%；2006—2007 年度续试，平均 8 238 千克/公顷，比对照新麦 18 增产 5.7%。2006—2007 年度生产试验，平均 8 202 千克/公顷，比对照新麦 18 增产 10%。

（4）栽培要点。适宜播期 10 月上中旬，每公顷适宜基本苗 150 万～210 万株。注意防治赤霉病。

（5）适宜范围。适宜在黄淮冬麦区南片的河南省中北部、安徽省北部、江苏省北部、陕西省关中地区及山东省菏泽地区高中水肥地早中茬种植。

6. 周麦 18

（1）品种来源。由河南省周口市农业科学院选育，亲本组合为内乡 185/周麦 9 号。2004 年通过河南省农作物品种审定委员会审定，2005 年通过国家农作物品种审定委员会审定。

（2）特征特性。半冬性，中熟，成熟期比豫麦 49 晚 1 天。幼苗半直立，健壮，叶细长，黄绿色，分蘖力中等，分蘖成穗率高。株高 80 厘米左右，茎秆弹性好，株型略松，穗层整齐，旗叶短宽、上冲，长相清秀；穗纺锤形，长芒，白壳，白粒，籽粒半角质、均匀饱满。平均公顷穗数 556.5 万，穗粒数 34.4 粒，千粒重 45.2 克。抗寒性中等，抗倒力较强，耐旱、耐渍，抗干热风，耐后期高温，落黄好。接种抗病性鉴定，高抗秆锈病，中抗条锈病，中感白粉病，高感叶锈病、纹枯病和赤霉病。田间自然鉴定，中感叶枯病。容重 790 克/升，蛋白质（干基）含量 14.68%，湿面筋含量 31.8%，沉降值 29.9 毫升，吸水率 58.6%，面团形成时间 3.0 分钟，稳定时间 2.4 分钟，最大抗延阻力 1 204E.U.，拉伸面积 28 厘米^2。

（3）产量表现。2003—2004 年黄淮冬麦区南片冬水组区域试验，平均单产 8 617.5 千克/公顷，比对照豫麦 49 增产 6.1%；2004—2005 年平均单产 8 028 千克/公顷，比对照豫麦 49 增产 10.3%。2004—2005 年生产试验，平均 7 584 千克/公顷，比对照豫麦 49 增产 10.2%。

（4）栽培要点。适播期 10 月 10～25 日，每公顷适宜基本苗 180 万～240 万株。注意防治纹枯病和赤霉病。

（5）适宜范围。适宜在黄淮冬麦区南片的河南省中北部、安徽省北部、江苏省北部、陕西省关中地区、山东省菏泽中高产水肥地早中茬种植。

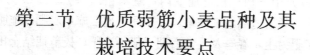

第三节　优质弱筋小麦品种及其栽培技术要点

1. 郑丰5号

（1）品种来源。由河南农业科学院小麦研究所选育，亲本组合为Ta900274×郑州891。2006年通过河南省品种审定委员会审定。

（2）特征特性。弱春性大穗型中早熟品种，全生育期218天，与对照豫麦18熟期相当。幼苗直立，苗期生长健壮，抗寒性较好；起身拔节快；分蘖适中，分蘖成穗率一般；株型松紧适中，穗下节长，株高85厘米，茎秆弹性弱，抗倒性差；穗层整齐，穗纺锤形，小穗排列稀；后期耐高温，成熟较早，落黄一般；籽粒较长，半角质，黑胚率低，籽粒商品性好。产量三要素较协调，一般公顷成穗600万左右，穗粒数34粒左右，千粒重40克左右。2004—2005年度经河南省农业科学院植物保护所鉴定，高抗白粉病，中抗条锈和叶枯病，中感纹枯和叶锈病。2006年经农业部农产品质量监督检验测试中心（郑州）品质检测：容重782克/升，粗蛋白（干基）12.42％，湿面筋23.6％，降落数值376秒，沉降值24.7毫升，吸水率56.1％，面团形成时间1.7分钟、稳定时间1.4分钟，主要指标达到弱筋麦标准。

（3）产量表现。2003—2004年度河南省高肥春水Ⅰ组区试，8点汇总，6点增产，2点减产，平均单产8 418千克/公顷，比对照豫麦18增产2.44％；2004—2005年度河南省高肥春水Ⅰ组区试，8点汇总，8点增产，平均6 724.5千克/公顷，比对照豫麦18增产3.82％；2005—2006年度河南省高肥春水Ⅱ组生试，8点汇总，8点增产，平均6 889.5千克/公顷，比对照豫麦18增产5.0％。

（4）栽培要点。①播期和播量：适于中晚茬地块种植，适播期为 10 月中下旬；在适播期内，基本苗以每公顷 210 万～270 万为宜，晚播适当增加播量。②田间管理：施足底肥；施肥原则是以底肥为主，春季及生育后期一般不追肥；拔节期结合田间化学除草适当进行化控，以降低株高；抽穗期至灌浆期结合"一喷三防"正常防治病虫害即可，注意防治蚜虫，特别是穗蚜。

（5）适宜范围。适于黄淮海冬麦区的河南省中南部、安徽省中北部、湖北省中北部及同类生态区中晚茬种植。

2. GS 郑麦 004

（1）品种来源。由河南省农业科学院小麦研究所选育，亲本组合为豫麦 13/90M434//石 89 - 6021。2004 年通过国家农作物品种审定委员会审定。

（2）特征特性。半冬性，中熟，成熟期与对照豫麦 49 同期。幼苗半匍匐，叶色黄绿。株高 80 厘米，株型较紧凑，穗层整齐，旗叶上冲。穗纺锤形，长芒，白壳，白粒，籽粒半角偏粉质。平均公顷穗数 600 万，每穗粒数 37 粒，千粒重 39 克。抗倒性、抗寒性较好。接种抗病性鉴定：中抗至高抗条锈病，中感秆锈病，高感叶锈病、白粉病、纹枯病和赤霉病。2003 年、2004 年两年分别测定混合样：容重 786 克/升、799 克/升，蛋白质含量 12.0%、12.4%，湿面筋含量 23.2%、25.1%，沉降值 11.0 毫升、12.8 毫升，吸水率 53.2%、53.7%，面团稳定时间 0.9 分钟、1.0 分钟，最大抗延阻力 32E.U.、120E.U.，拉伸面积 4 厘米^2、13 厘米^2。

（3）产量表现。2002—2003 年度参加黄淮冬麦区南片冬水组区域试验，平均单产 7 243.5 千克/公顷，比对照豫麦 49 增产 5.5%；2003—2004 年度续试，平均 8 524.5 千克/公顷，比对照豫麦 49 增产 4.3%。2003—2004 年度生产试验平均 7 600.5 千克/公顷，比对照豫麦 49 增产 4.3%。

（4）栽培要点。适宜播期 10 月上中旬，适宜基本苗公顷 180 万～225 万株，晚播适当增加播量。施肥 N、P、K 搭配比例以 1∶1∶0.8 为宜。在弱筋小麦适宜区种植时，为稳定品质，施肥原则上以底肥为主，春季及生育后期一般不追肥。一般不浇返青水，根据土壤墒情浇拔节水或孕穗水及灌浆水。注意防治叶锈病、白粉病、叶枯病、赤霉病和蚜虫。

（5）适宜范围。适宜在黄淮冬麦区南片的河南省、安徽省北部、江苏省北部及陕西关中地区高中产水肥地早中茬种植。

3. 皖麦 48

（1）品种来源。由安徽农业大学选育，亲本组合为矮早 781/皖宿 8802。2002 年通过安徽省农作物品种审定委员会审定，2004 年通过国家农作物品种审定委员会审定。

（2）特征特性。弱春性、中熟，成熟期比对照豫麦 18 晚1～2 天。幼苗半直立，长势中等，分蘖力较强。株高 85 厘米，株型略松散，穗层不整齐。穗纺锤形，长芒，白壳，白粒，子粒粉质，黑胚率偏高。平均公顷穗数 540 万，穗粒数 34 粒，千粒重 39 克。抗寒性差，抗倒性偏弱，较耐旱，抗高温，耐湿性一般。接种抗病鉴定：中感条锈病、纹枯病，高感白粉病、赤霉病和叶锈病。2002 年、2003 年分别测定混合样：容重 776 克/升、787 克/升，蛋白质含量 13.4%、12.5%，湿面筋含量 28.5%、24.8%，沉降值 21.3 毫升、21.0 毫升，吸水率 55.1%、53.1%，面团稳定时间 1.5 分钟、2 分钟，最大抗延阻力 83E.U.、86E.U.，拉伸面积 22 厘米^2、22 厘米^2。

（3）产量表现。2001—2002 年度参加黄淮冬麦区南片春水组区域试验，平均单产 7 145.7 千克/公顷，比对照豫麦 18 增产 8.8%；2002—2003 年度续试，平均 6 706.5 千克/公顷，比对照豫麦 18 增产 2.36%。2002—2003 年度生产试验平均 6 258 千克/公顷，比对豫麦 18 增产 2.4%。

（4）栽培要点。适宜播期为 10 月中下旬，注意播期不能过早，以防止冻害发生。每公顷基本苗 225 万株左右。为了稳定弱筋小麦品质，应调减基、追肥中氮肥的比例，一般基肥占70%～

80%，返青肥占 20%～30%，少施或不施拔节孕穗肥。生育后期宜喷施磷酸二氢钾。注意防治叶锈病、条锈病、赤霉病和白粉病。

（5）适宜范围。适宜在黄淮冬麦区南片的河南省中南部、安徽淮北、江苏北部高中产肥力水地晚茬种植。

第六章

小麦病虫草害综合防治技术

第一节　小麦病虫草害综合防治策略

　　小麦是我国主要粮食作物之一，小麦病虫草害的发生，对小麦安全生产构成了严重威胁。因此，为有效控制病虫草危害，确保小麦持续稳产高产，就必须认真贯彻"预防为主，综合防治"的植保方针，在农业防治的基础上，协调运用其他措施，才能将病虫草害的危害程度降到最低。

一、播种期

　　主要防治小麦纹枯病、全蚀病、丛矮病、黄矮病等病害和蛴螬、蝼蛄、金针虫等地下害虫。

　　1. 加强植物检疫，选用无病种子　植物检疫是控制危险性病、虫、草害的最重要的一项措施。因此，各部门要高度重视，共同做好植物检疫工作。

　　2. 选用抗病良种　小麦品种间抗病性差异较大，通过选用抗、耐病品种，可有效地控制小麦锈病等病害的发生。在品种布局上，要合理搭配，避免品种单一化。

　　3. 深翻平整土地，清除田间地头杂草，清理作物残茬秸秆　做到干旱能浇灌，涝灾能排水。

4. 合理轮作、间套 对一些诸如小麦全蚀病、纹枯病等土传病害可与甘薯、棉花及多种蔬菜品种实行轮作，以减少田间菌源积累，减轻为害。

5. 土壤药剂处理 土壤药剂处理，主要是针对地下害虫及一些土传病害。近年地下害虫为害呈逐年加重的趋势，主要有蛴螬、金针虫、蝼蛄等，可结合土壤耕作，撒施辛硫磷、毒死蜱、丁硫克百威、甲基异柳磷等制成的毒土、颗粒剂等防治。

6. 种子处理 药剂拌种采用杀虫剂和杀菌剂混合拌种，应先拌杀虫剂后拌杀菌剂。常用的杀虫剂有：50%辛硫磷乳油、75%丁硫克百威按种子重量的0.2%拌种，可有效防治地下害虫、苗蚜和灰飞虱。常用的杀菌剂有70%甲基托布津可湿性粉剂或20%的三唑酮乳油150毫升拌种100千克，用50%多菌灵可湿性粉剂按种子质量0.2%加水喷湿堆闷6小时即可播种。可有效预防小麦根腐病、纹枯病、白粉病、锈病。全蚀病发生严重的地块用12.5%全蚀净拌种，20毫升全蚀净拌麦种10千克，防效可达85%以上。

二、苗期

主要防治地下害虫、蚜虫、灰飞虱等虫害，以及雀麦、节节麦、播娘蒿、荠菜、麦瓶草、猪殃殃、麦家公等杂草。

(1) 地下害虫的防治，可用50%辛硫磷100～200毫升加适量水喷拌细沙50千克加2.5千克炒香的麦麸，顺垄撒至麦苗的基部。

(2) 小麦出苗后及时调查，有灰飞虱、蚜虫、叶蝉等发生的地块，立即用50%乙酰甲胺磷1 000倍液，或4.5%高效氯氰菊酯1 000倍液，或3%啶虫脒2 000～3 000倍液，或10%吡虫啉1 000～1 500倍液，或40%氧化乐果乳油1 000倍液喷地头、地边5～7米宽或全田喷施。

（3）秋苗期是用药的最佳时期，此期杂草小、用药少、成本低、效果好且不影响其他作物。对以禾本科杂草雀麦、节节麦等为主的麦田，可用 3% 世玛乳油每公顷 375～450 毫升，茎叶喷雾防治；对以阔叶杂草播娘蒿、荠菜、麦瓶草、猪殃殃、麦家公等为主的麦田，可采用 5.8% 麦喜乳油每公顷 150 毫升，或 20% 使它隆乳油每公顷 750～900 毫升防治；阔叶杂草和禾本科杂草混合发生的可用以上药剂混合使用。

三、返青拔节期

此期主要防治小麦纹枯病、全蚀病、根腐病、白粉病、锈病、丛矮病、黄矮病等病害，以及灰飞虱、红蜘蛛、麦叶蜂、地下害虫等虫害和阔叶杂草等。

1. 病害的防治 在小麦拔节前，纹枯病病株率达 15% 时，每公顷选用 12.5% 烯唑醇可湿粉（禾果利）300～450 克，或 15% 粉锈宁可湿粉 1 500 克加 20% 的井冈霉素 375～750 克，对水 1 125 千克对小麦茎基部进行喷洒，隔 7～10 天再喷洒一次，连喷 2～3 次，兼治条锈病、白粉病、根腐病、全蚀病等。

2. 灰飞虱 小麦返青后是灰飞虱传毒为害的第二个高峰，此期应及时查治，以减轻丛矮病的发生，防治方法是每公顷用 10% 吡虫啉 150 毫升加 4.5% 高效氯氰菊酯 450 毫升对水 450 千克喷雾。

3. 红蜘蛛 小麦单行 33 厘米长度内红蜘蛛数量达 200 头以上时，用 1.8% 阿维菌素 3 000 倍液或 20% 哒螨灵 1 000～1 500 倍液或 40% 乐果乳油 1 000～1 500 倍液均匀喷雾。

4. 麦叶蜂 每平方米麦田麦叶蜂 30 头以上时，用 4.5% 氯氰菊酯 1 000 倍液喷雾防治，一般不需要单独防治，防治麦蚜同时兼治即可。

5. 地下害虫 小麦被害率达 3% 以上时，用 50% 辛硫磷乳油 1 000 倍液，或 48％乐斯本乳油 1 500 倍液或 90％晶体敌百虫800 倍液灌根防治。

6. 化学除草 冬前未进行化学除草，或化学除草效果不好的麦田，小麦起身期至拔节期，当杂草密度达到 30 株/米²，杂草 2～3 叶期，选用苯磺隆系列除草剂进行化学除草。禾本科杂草采取人工拔除。小麦进入拔节期以后，一般不再进行化学除草。对于以上病虫草混合发生的情况，也可采用一次混合喷雾施药防治，达到病虫草兼治的目的。

四、孕穗至抽穗扬花期

该期是小麦白粉病、锈病、赤霉病、散黑穗病、颖枯病等多种病害，以及小麦吸浆虫、早代蚜虫等虫害集中发生期和为害盛期，也是防治的关键时期。多种病、虫混合发生时，要注意分清防治重点，在重点防治的同时，兼治其他病虫害。也可以几种药剂混合使用，达到一次用药兼治多种病虫的目的。

1. 白粉病、锈病 当白粉病病叶率达 20％，条锈病病叶率达 2％～4％，叶锈病病叶率达 5％～10％时，立即进行防治，可用 12.5％烯唑醇可湿性粉剂（禾果利）1 500 倍液，或 20％粉锈宁乳油每公顷 750～1 125 毫升对水 675 千克喷雾防治。

2. 散黑穗病 发生轻重与上一年种子带菌量和扬花期的相对湿度有密切关系，小麦抽穗扬花期相对湿度为 58％～85％，菌源充足，可导致病害大流行，反之则轻。防治方法除选用无病优种、药剂拌种外，于抽穗扬花期用 50％多菌灵可湿性粉剂 500 倍液或 70％甲基托布津可湿性粉剂 1 000 倍液喷雾。

3. 赤霉病、叶枯病和颖枯病 要以预防为主，穗期如遇连阴天气，在小麦扬花后要喷药预防。可用 50％多菌灵可湿性粉剂每公顷 1 125～1 500 克喷雾防治。

4. 吸浆虫 防治策略是以蛹期防治为主、成虫防治为辅。

小麦吸浆虫虽是穗期为害的害虫，但防治适期是在 4 月中下旬，小麦抽穗前，大量吸浆虫越冬幼虫上升、化蛹阶段。每公顷可用 40%甲基异柳磷乳油 2 250～3 000 毫升对细沙或细沙土 450～600 千克撒施地面并划锄，施后浇水防治效果更佳。若蛹期未能防治，可在田间小麦 70%左右抽穗时可用 50%辛硫磷乳油 750～1 125 毫升或 2.5%敌杀死乳油每公顷 150～225 毫升喷雾防治。

5. 麦蚜 当百株蚜量达到 800 头时，用 10%吡虫啉可湿性粉剂（375～450 克/公顷），或 50%抗蚜威每公顷 300 克对水 450 千克喷雾，或 40%乐果乳油 600～800 倍液，或 3%啶虫脒 2 000 倍液喷雾，为提高防治效果，可将上述任意两种药剂混用，但用量要减半。

6. 禾本科和阔叶杂草 及时人工拔除药治后的残余杂草，防止草籽成熟后落入田间继续危害。

五、灌浆至成熟期

主要防治后期白粉病、锈病、叶枯病、小麦蚜虫等。

（1）针对叶枯病、白粉病、锈病，当病株率 15%时，用 50%多菌灵可湿性粉剂 500 倍液，或 70%甲基托布津可湿性粉剂 1 000 倍液，或 25%粉锈宁 1 000 倍液，或 12.5%烯唑醇可湿性粉剂（禾果利），或 15%三唑酮可湿性粉剂喷雾。

（2）当百株有麦蚜 800 头以上且田间天敌昆虫较少，益害比 1∶200 以上时，可以选用 3%啶虫脒乳油 1 500 倍液（300 克/公顷），或 10%吡虫啉乳油（150 克/公顷），或 50%抗蚜威可湿粉（150 克/公顷）等对天敌安全的药剂进行喷施，一般防治 2 次，才能有效控制为害。

（3）病虫混合发生时，几种药剂可以混合使用，同时加入 1%的尿素和 0.2%磷酸二氢钾等，可以达到既防治病虫，又增加粒重等多重效果。

第二节　小麦主要病害及其防治

一、小麦锈病

小麦锈病，又称黄疸病，可分为条锈、叶锈、秆锈 3 种类型。小麦条锈病主要发生于西北、西南、黄淮等冬麦区和西北春麦区，在流行年份可减产 20％～30％，严重地块甚至绝收；小麦叶锈病以西南和长江流域发生较重，华北和东北部分麦区也较重；小麦秆锈病在华东沿海、长江流域和福建、广东、广西的冬麦区及东北、内蒙古等春麦区发生流行。

（一）症状

小麦 3 种锈病之间的区别可概况为：条锈成行，叶锈乱，秆锈是个大红斑。

1. 条锈病　主要发生在叶片上，也为害叶鞘、茎秆和穗。初期夏孢子堆呈小长条状，鲜黄色，与叶脉平行，排列成行，像缝纫机轧过的针脚一样。后期表皮破裂，呈现铁锈粉状物。当小麦近成熟时，叶鞘上出现圆形或卵圆形黑褐色粉状物，即夏孢子堆。

2. 叶锈病　一般只发生在叶片上。夏孢子堆只在叶片正面，较小，呈圆形，红铁锈色，排列不规则，表皮破裂不显著。后期叶片背面呈现椭圆形深褐色冬孢子堆。

3. 秆锈病　主要发生在叶鞘和茎秆上，也为害叶片和穗。夏孢子堆大，长椭圆形，深褐色，排列不规则，常连接成大斑，表皮很早破裂。小麦近成熟时，在夏孢子堆及其附近出现黑色、椭圆形冬孢子堆，后期表皮破裂。

（二）发病规律

小麦条锈病菌主要以夏孢子在小麦上完成周年的侵染循环，

是典型的远程气传病害。其侵染循环可分为越夏、侵染秋苗、越冬及春季流行 4 个环节。秋季越夏的菌源随气流传播到冬麦区后，遇有适宜的温湿度条件即可侵染冬麦秋苗，秋苗的发病开始多在冬小麦播后 1 个月左右。秋苗发病迟早及多少，与菌源距离和播期早晚有关，距越夏菌源近、播种早则发病重。翌年小麦返青后，越冬病叶中的菌丝体复苏扩展，当旬均温上升至 5℃时显症产孢，如遇春雨或结露，病害扩展蔓延迅速，引致春季流行，成为该病主要为害时期。在具有大面积感病品种前提下，越冬菌量和春季降雨成为流行的两大重要条件。品种抗病性差异明显，但大面积种植具同一抗原的品种，由于病菌小种的改变，往往造成抗病性丧失。

叶锈病菌是一种多孢型转主寄生的病菌。在小麦上形成夏孢子和冬孢子，冬孢子萌发产生担孢子，在唐松草和小乌头上形成锈孢子和性孢子。以夏孢子世代完成其生活史。夏孢子萌发后产生芽管从叶片气孔侵入，在叶面上产生夏孢子堆和夏孢子，进行多次重复侵染。秋苗发病后，病菌以菌丝体潜伏在叶片内或少量以夏孢子越冬，冬季温暖地区，病菌不断传播蔓延。北方春麦区，由于病菌不能在当地越冬，病菌则从外地传来，引起发病。冬小麦播种早，出苗早发病重。一般 9 月上、中旬播种的易发病，冬季气温高，雪层厚，覆雪时间长，土壤湿度大，发病重。

秆锈菌只以夏孢了世代在小麦上完成侵染循环。研究表明，我国小麦秆锈菌是以夏孢子世代在南方为害秋苗并越冬，在北方春麦区引起春夏流行，通过菌源的远距离传播，构成周年侵染循环。翌年春、夏季，越冬区菌源自南向北、向西逐步传播，造成全国大范围的春、夏季流行。由于大多数地区无或极少有本地菌源，春、夏季广大麦区秆锈病的流行几乎都是外来菌源所致，所以田间发病都是以大面积同时发病为特征，无真正的发病中心。但在外来菌源数量较少、时期较短的情况下，在本地繁殖 1～2 代后，田间可能会出现一些"次生发病中心"。小麦品种间抗病性差异明显，该菌小种变异不快，品种抗病性较稳定，近20年来没有大的流行。一般来说，小麦抽穗期的气温可满足秆锈菌夏孢子萌发和侵染的要求，决定病害是否流行的主要因素是湿度。对东北和内蒙古春麦区来说，如华北地区发病重，夏孢子数量大，而本地5～6月气温偏低，小麦发育迟缓，同时6～7月降雨日数较多，就有可能大流行。北部麦区播种过晚，秆锈病发生重；麦田管理不善，追施氮肥过多过晚，则加重秆锈病发生。

（三）防治方法

1. 农业防治

（1）选择抗性品种。要注意抗性品种的轮换种植，可以防止品种抗性的丧失。

（2）小麦收获后及时翻耕灭茬，消灭自生麦苗，减少越夏菌源。

（3）锈病发生后，适当增加灌水次数，可以减轻损失；在土壤缺乏磷、钾肥的地区，增施磷、钾肥，也能减轻锈病为害；锈病常发区，氮肥应避免使用过多，以防止小麦贪青晚熟，加重锈病为害。

2. 药剂防治

（1）药剂拌种。对秋苗常年发病的地块，用15％粉锈宁可湿性粉剂60～100克或12.5％速保利可湿性粉剂每50千克种子用药60克拌种。务必干拌，充分搅拌混匀，严格控制药量，浓度稍大影响出苗。

（2）大田防治。在秋季和早春，田间发病时，及时进行喷药防治。如果病叶率达到5％，严重度在10％以下，每公顷用15％粉锈宁可湿性粉剂750克或20％粉锈宁乳油600毫升，或25％粉锈宁可湿性粉剂450克，或12.5％速保利可湿性粉剂225～450克，对水750～1 050千克喷雾，或对水150～225千克

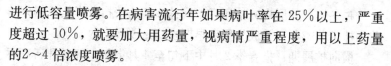

进行低容量喷雾。在病害流行年如果病叶率在 25％以上，严重度超过 10％，就要加大用药量，视病情严重程度，用以上药量的2～4倍浓度喷雾。

二、小麦纹枯病

小麦纹枯病发生普遍而严重。在长江中下游和黄淮平原麦区逐年加重，对产量影响极大。一般使小麦减产 10％～20％，严重地块减产 50％左右，个别地块甚至绝收。

（一）症状

小麦受纹枯菌侵染后，在各生育阶段出现烂芽、病苗枯死、花秆烂茎、枯株白穗等症状。

烂芽：芽鞘褐变，后芽枯死腐烂，不能出土。

病苗枯死：发生在 3～4 叶期，初仅第一叶鞘上出现中间灰色、四周褐色的病斑，后因抽不出新叶而致病苗枯死。

花秆烂茎：拔节后在基部叶鞘上形成中间灰色，边缘浅褐色的云纹状病斑，病斑融合后，茎基部呈云纹花秆状。

枯株白穗：病斑侵入茎壁后，形成中间灰褐色、四周褐色的近圆形或椭圆形眼斑，造成茎壁失水坏死，最后病株因养分、水分供不应求而枯死，形成枯株白穗。

（二）发病规律

病菌以菌丝或菌核在土壤和病残体上越冬或越夏，播种后开始侵染为害。在田间发病过程可分 5 个阶段即冬前发病期、越冬期、横向扩展期、严重度增长期及枯白穗发生期。

冬前发病期：小麦中发芽后，接触土壤的叶鞘被纹枯菌侵染，症状发生在土表处或略高于土面处，严重时病株率可达 50％左右。

越冬期：外层病叶枯死后，病株率和病情指数降低，部分季前病株带菌越冬，并成为翌春早期发病重要侵染源。

横向扩展期：指春季 2 月中下旬至 4 月上旬，气温升高，病菌在麦株间传播扩展，病株率迅速增加，此时病情指数多为 1 或 2。

严重度增长期：4 月上旬至 5 月上中旬，随植株基部节间伸长与病原菌扩展，侵染茎秆，病情指数猛增，这时茎秆和节腔里病斑迅速扩大，分蘖枯死，病情指数升级。

枯白穗发生期：5 月上中旬以后，发病高度、病叶鞘位及受害茎数都趋于稳定，但发病重的因输导组织受害迅速失水枯死，田间出现枯孕穗和枯白穗。

发病适温 20℃左右。凡冬季偏暖，早春气温回升快、阴天多、光照不足的年份发病重，反之则轻。冬小麦播种过早、秋苗期病菌侵染机会多、病害越冬基数高，返青后病势扩展快，发病重。适当晚播则发病轻。重化肥轻有机肥和重氮肥轻磷钾肥的地块发病重。高沙土地纹枯病重于黏土地，黏土地重于盐碱地。

（三）防治方法

1. 农业防治

（1）选用抗病、耐病良种。

（2）适期播种，春性强的品种不要过早播种。

（3）合理密植，播种量不要过大。

（4）北方麦田防止大水漫灌，田间水位高的河滩或涝灌区要开沟排水。

（5）合理施肥，氮肥不能过量，防止徒长；粪肥要经高温堆沤后再使用。

2. 化学防治

（1）播种前药剂拌种。用种子质量 0.2% 的 33% 纹霉净（三唑酮加多菌灵）可湿性粉剂或用种子质量 0.03％～0.04％ 的 15％三唑醇（羟锈宁）粉剂、或 0.03％ 的 15％三唑酮（粉锈宁）可湿性粉剂或 0.012 5％ 的 12.5％烯唑醇（速保利）可湿性粉剂拌种。播种时土壤相对含水量较低则易发生药害，如每千克种子加 1.5 千克种子加 1.5 毫克赤霉素，就可克服上述杀菌剂的药害。

（2）喷雾。翌年春季冬、春小麦拔节期，每公顷用 5％井冈霉素水剂 112.5 克，对水 1 500 千克；或 15％三唑醇粉剂 120 克，对水 900 千克；或 20％三唑酮乳油 120～150 克，对水 900 千克；或 12.5％烯唑醇可湿性粉剂 187.5 克，对水 1 500 千克；或 50％利克菌 3 000 克，对水 1 500 千克喷雾，防效比单独拌种的提高 10％～30％，增产 2％～10％。此外还可选用 33％纹霉净可湿性粉剂或 50％甲基立枯灵（利克菌）可湿粉 400 倍液。

三、小麦白粉病

小麦白粉病是一种世界性病害，在各主要产麦国均有分布，我国山东沿海、四川、贵州、云南发生普遍，为害也较重。近年来该病在东北、华北、西北麦区，亦有日趋严重之势。被害麦田一般减产 10％左右，严重地块损失高达 20％～30％，个别地块甚至达到 50％以上。

（一）症状

自幼苗到抽穗均可发病。该病可侵害小麦植株地上部各器官，但以叶片和叶鞘为主，发病重时颖壳和芒也可受害，初发病时，叶面出现 1～2 毫米的白色霉点，后霉点逐渐扩大为近圆形或椭圆形白色霉斑，霉斑表面有一层白粉，后期病部霉层变为白色至浅褐色，上面散生黑色颗粒。病叶早期变黄，后卷曲枯死，

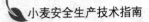

重病株常矮缩不能抽穗。

（二）发病规律

小麦白粉病菌的越夏方式有两种：一是以分生孢子在夏季气温较低地区的自生麦苗或夏播小麦上继续侵染繁殖或以潜伏状态过夏季；另一种是以病残体上的闭囊壳在低温、干燥的条件下越夏。在以分生孢子越夏的地区，秋苗发病较早、较重，在无越夏菌源的地区则发病较晚、较轻或不发病，秋苗发病以后一般均能越冬。

病菌越冬的方式有两种：一是以分生孢子的形态越冬；另一种是以菌丝状潜伏在病叶组织内越冬。影响病菌越冬率高低的主要因素是冬季的气温，其次是湿度。越冬的病菌先在植株底部叶片上呈水平方向扩展，以后依次向中部和上部叶片发展。

发病适温 15～20℃，相对湿度大于 70% 时，有可能造成病害流行。冬季温暖、雨雪较多，或土壤湿度较大，有利于病原菌越冬。雨日、雨量过多，可冲刷掉表面分生孢子，从而减缓病害发生。偏施氮肥，造成植株贪青，发病重。植株生长衰弱、抗病力低易发病。

（三）防治方法

1. 农业防治

（1）选用抗病品种。

（2）提倡施用酵素菌沤制的堆肥或腐熟有机肥，采用配方施肥技术，适当增施磷钾肥，根据品种特性和地力合理密植。南方麦区雨后及时排水，防止湿气滞留。北方麦区适时浇水，使寄主增强抗病力。

（3）自生麦苗越夏地区，冬小麦秋播前要及时清除掉自生麦，可大大减少秋苗菌源。

2. 药剂防治

（1）种子处理。用种子质量 0.03%（有效成分）25% 三唑

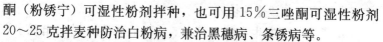

酮（粉锈宁）可湿性粉剂拌种，也可用 15％三唑酮可湿性粉剂
20～25 克拌麦种防治白粉病，兼治黑穗病、条锈病等。

（2）喷雾。在小麦抗病品种少或病菌小种变异大、抗性丧失
快的地区，当小麦白粉病病情指数达到 1 或病叶率达 10％以上
时，开始喷洒 20％三唑酮乳油 1 000 倍液或 40％福星乳油 8 000
倍液，也可根据田间情况采用杀虫杀菌剂混配做到关键期一次用
药，兼治小麦白粉病、锈病等主要病虫害。

四、小麦赤霉病

小麦赤霉病别名麦穗枯、烂麦头、红麦头，是小麦的主要病
害之一。小麦赤霉病在全世界普遍发生，主要分布于潮湿和半潮
湿区域，尤其气候湿润多雨的温带地区受害严重。该病一般可造
成减产 10％～20％。染病麦粒中含有对人畜有害的毒素，误食
后会引起中毒。

（一）症状

主要引起苗枯、穗腐、茎基腐、秆腐和穗腐，从幼苗到抽穗
都可受害。其中影响最严重是穗腐。

1. 苗腐　由种子带菌或土壤中病残体侵染所致。先是芽变
褐，然后根冠随之腐烂，轻者病苗黄瘦，重者死亡，枯死苗湿度
大时产生粉红色霉状物（病菌分生孢子和子座）。

2. 穗腐　小麦扬花时，初在小穗和颖片上产生水浸状浅褐
色斑，渐扩大至整个小穗，小穗枯黄。湿度大时，病斑处产生粉
红色胶状霉层。后期其上产生密集的蓝黑色小颗粒（病菌子囊
壳）。用手触摸，有突起感觉，不能抹去，籽粒干瘪并伴有白色
至粉红色霉。小穗发病后扩展至穗轴，病部枯褐，使被害部以上
小穗，形成枯白穗。

3. 茎基腐　自幼苗出土至成熟均可发生，麦株基部组织受

害后变褐腐烂，致全株枯死。

4. 秆腐 多发生在穗下第一、二节，初在叶鞘上出现水渍状褪绿斑，后扩展为淡褐色至红褐色不规则形斑或向茎内扩展。病情严重时，造成病部以上枯黄，有时不能抽穗或抽出枯黄穗。气候潮湿时病部表面可见粉红色霉层。

（二）发病规律

中国中、南部稻麦两作区，病菌除在病残体上越夏外，还在水稻、玉米、棉花等多种作物病残体中营腐生生活越冬。翌年在这些病残体上形成的子囊壳是主要侵染源。子囊孢子成熟正值小麦扬花期。借气流、风雨传播，溅落在花器凋萎的花药上萌发，先营腐生生活，然后侵染小穗，几天后产生大量粉红色霉层（病菌分生孢子）。在开花至盛花期侵染率最高。穗腐形成的分生孢子对本田再侵染作用不大，但对邻近晚麦侵染作用较大。该菌还能以菌丝体在病种子内越夏越冬。

在中国北部、东北部麦区，病菌能在麦株残体、带病种子和其他植物如稗草、玉米、大豆、红蓼等残体上以菌丝体或子囊壳越冬。在北方冬麦区则以菌丝体在小麦、玉米穗轴上越夏、越冬，次年条件适宜时产生子囊壳放射出子囊孢子进行侵染。赤霉病主要通过风雨传播，雨水作用较大。

小麦赤霉病虽然是一种多循环病害，但因病菌侵染寄主的方式和侵染时期比较严格，穗期靠产生分生孢子再侵染次数有限，作用也不大。穗枯的发生程度主要取决于花期的初侵染量和子囊孢子的连续侵染。对于成熟参差不齐的麦区，早熟品种的病穗有可能为中晚熟品种和迟播小麦的花期侵染提供一定数量的菌源。迟熟、颖壳较厚、不耐肥品种发病较重；田间病残体菌量大发病重；地势低洼、排水不良、质地黏重、偏施氮肥、栽植密度大、田间郁闭的地块发病重。

（三）防治方法

1. 农业防治

（1）选用抗病品种。

（2）深耕灭茬，清洁田园，消灭菌源。

（3）开沟排水，降低田间湿度。

2. 药剂防治

（1）种子处理。是防治芽腐和苗枯的有效措施，可用50％多菌灵每千克种子用药100～200克湿拌。

（2）喷雾。小麦抽穗至盛花期，每公顷用40％多菌灵胶悬剂1 500克，对水900千克；或70％甲基托布津可湿性粉剂1 125～1 500克，加水150～225千克；或36％粉霉灵胶悬浮剂1 500克，以及33％纹霉净可湿性粉剂750克，任选一种，对水500千克稀释喷雾。如扬花期连续下雨，第一次用药7天后趁下雨间断时再用药1次。

五、小麦全蚀病

又称小麦立枯病、黑脚病，是一种毁灭性的典型根部病害，广泛分布于世界各地。目前我国云南、四川、江苏、浙江、河北、山东、内蒙古等省（自治区）已有发生，尤以山东省发生重、为害大。一旦传入，蔓延迅速，不宜根除。发病田轻者减产10％～20％，重者减产50％以上，甚至绝收。除为害小麦外，还侵染大麦、玉米、黍子、旱稻、燕麦等作物，以及鹅冠草、毒麦、早熟禾、看麦娘、蟋蟀草等禾本科杂草。

（一）症状

只侵染根部和茎基部。幼苗感病，初生根部根茎变为黑褐色，严重时病斑连在一起，使整个根系变黑死亡。分蘖期地上部分无明显症状，重病植株表现稍矮，基部黄叶多。拔出麦苗，用水冲洗麦根，可见种子根与地下茎都变成了黑褐色。在潮湿情况下，根茎变色，部分形成基腐性的"黑脚"症状。最后造成植株枯死，形成"白穗"。近收获时，在潮湿条件下，根茎处可看到黑色点状突起的子囊壳。但在干旱条件下，病株基部"黑脚"症状不明显，也不产生子囊壳。严重时全田植株枯死。

（二）发病规律

小麦全蚀病菌是土壤寄居菌，以潜伏菌丝在土壤中的病残体上腐生或休眠，是主要的初侵染菌源。除土壤中的病菌外，混有病菌的病残体和种子亦能传病，小麦整个生育期均可感染，但以苗期侵染为主。病菌可由幼苗的种子根、胚芽以及根颈下的节间侵入根组织内，也可通过胚芽鞘和外胚叶进入寄主组织内。12～18℃的土温有利于侵染。因受温度影响，冬麦区有年前、年后两个侵染高峰，冬小麦播种越早，侵染期越早，发病越重。全蚀病以初侵染为主，再侵染不重要。小麦、大麦等寄主作物连作，发病严重，一年两熟地区小麦和玉米复种，有利于病菌的传递和积累，土质疏松、碱性，有机质少，氮、磷缺乏的土壤发病均重。不利于小麦生长和成熟的气候条件，如冬春低温和成熟期的干热风，都可使小麦受害加重。小麦全蚀病有明显的自然衰退现象，一般表现为上升期、高峰期、下降期和控制期4个阶段，达到病害高峰期后，继续种植小麦和玉米，全蚀病衰退，一般经1～2年即可控制为害。

（三）防治方法

1. 加强植物检疫　严禁从病区调种，防止病害传入，保护无病区。

2. 农业防治

（1）新病区采取扑灭措施，深翻改土，改种非寄主作物。

（2）老病区坚持 1～2 年换种 1 次非寄主作物。

（3）增施有机肥，保持氮、磷平衡。

（4）加强田间管理，深耕细耙，适时中耕、灌溉、施肥，促进根系发育和植株抗病力，不用病残物沤肥。

3. 药剂防治

（1）种子处理。用粉锈宁或羟锈宁按种子量的 0.1%～0.15% 进行拌种。

（2）喷雾。在小麦拔节期，每公顷用 15% 粉锈宁可湿性粉剂 975～1 500 克，或 20% 乳油 750～1 050 毫升对水 900 千克喷施。

六、小麦黑穗病

小麦黑穗病包括散黑穗病、腥黑穗病、小麦秆黑粉病等，是小麦生产上的重要病害。在世界各国麦区均有发生，我国主要分布在华北、西北、东北、华中和西南各省，并以北方麦区发生较重。

（一）症状

1. 散黑穗病 俗称黑疸、枪杆、乌麦等。在冬、春麦区地均有发生，个别地块发病较重。目前少数品种发生普遍。主要在穗部发病，病穗比健穗较早抽出。最初病小穗外包一层灰色薄膜，成熟后破裂，散出黑粉（病菌的厚垣孢子），黑粉吹散后，只残留裸露的穗轴。病穗上的小穗全部被毁或部分被毁，仅上部残留少数健穗。一般主茎、分蘗都出现病穗，但在抗病品种上有的分蘗不发病。

2. 腥黑穗病 又称腥乌麦、黑麦、黑疸。发生于穗部，抽穗前症状不明显，抽穗后至成熟期症状明显。病株全部籽粒变成菌瘿，菌瘿较健粒短胖。初为暗绿色，后变为灰白色，内部充满黑色粉末，最后菌瘿破裂，散出黑粉，并有鱼腥味。

3. 秆黑粉病 俗称乌麦、黑枪、黑疸、锁口疸。小麦产区均有分布，为害损失较重。近年来，局部地区有回升趋势。主要发生在叶片、叶鞘、茎秆上，发病部位纵向产生银灰色、灰白色条纹。条纹是一层薄膜，常隆起，内有黑粉，黑粉成熟时，膜纵裂，散出黑色粉末，即病原菌的冬孢子。病株常扭曲、矮化，重者不抽穗，抽穗小，籽粒秕瘦。

（二）发病规律

1. 散黑穗病 属于花器侵染病害，一年只侵染一次。带菌种子是病害传播的唯一途径。病菌以菌丝潜伏在种子胚内，外表不显症。当带菌种子萌发时，潜伏的菌丝也开始萌发，随小麦生长发育经生长点向上发展，侵入穗原基。孕穗时，菌丝体迅速发展，使麦穗变为黑粉。厚垣孢子随风落在扬花期的健穗上，落在湿润的柱头上萌发产生先菌丝，先菌丝产生 4 个细胞分别生出丝状结合管，异性结合后形成双核侵染丝侵入子房，在珠被未硬化前进入胚珠，潜伏其中。种子成熟时，菌丝胞膜略加厚，在其中休眠，当年不表现症状，次年发病，并侵入第二年的种子潜伏，完成侵染循环。刚产生厚垣孢子 24 小时后即能萌发，温度范围 5～35℃，最适 20～25℃。厚垣孢子在田间仅能存活几周，没有越冬（或越夏）的可能性。小麦扬花期空气湿度大，连阴雨天利于孢子萌发侵入，形成病种子多，翌年发病重。

2. 腥黑穗病 病菌以厚垣孢子附在种子外表或混入粪肥、土壤中越冬或越夏。当种子发芽时，厚垣孢子也随即萌发，厚垣孢子先产生先菌丝，其顶端生 6～8 个线状担孢子，不同性别担孢子在先菌丝上呈 H 状结合，然后萌发为较细的双核侵染线。从芽鞘侵入麦苗并到达生长点，后以菌丝体形态随小麦而发育，到孕穗期，侵入子房，破坏花器，抽穗时在麦粒内形成菌瘿即病原菌的厚垣孢子。小麦腥黑穗病菌的厚垣孢子能在水中萌发，有机肥浸出液对其萌发有刺激作用。萌发适温 16～20℃。病菌侵入麦苗温度 5～20℃，最适 9～12℃。湿润土壤（土壤持水量40％以下）有利于孢子萌发和侵染。一般播种较深，不利于麦苗出土，增加病菌侵染机会，病害加重发生。

3. 秆黑粉病 病菌以冬孢子团散落在土壤中或以冬孢子黏附在种子表面及肥料中越冬或越夏，成为该病初侵染源。冬孢子萌发后从芽鞘侵入至生长点，是幼苗系统性侵染病害，没有再侵染。小麦秆黑粉病发生与小麦发芽期土温有关，土温 9～26℃均可侵染，但以土温 20℃左右最为适宜。此外发病与否、发病率高低均与土壤含水量有关。一般干燥地块较潮湿地块发病重。西北地区 10 月份播种的发病率高。品种间抗病性差异明显。

（三）防治方法

小麦黑穗（粉）病的防治措施，主要根据病原菌的侵染方式及传播途径来确定。由于小麦黑穗病主要由种子内外带菌和土壤粪肥带菌传播，而且在一个生长季节内只有一次侵染而没有再侵染，因此只要采用杜绝种子传播及种子处理、土壤处理的措施，保护幼苗不受干扰即可获得良好的防治效果。

1. 加强检疫，设立无病留种地 腥黑穗病菌属国内、省内检疫对象，无病区应严格检疫，杜绝人为传播。建立无病留种地主要针对散黑穗病，应在 300 米以外隔离种植，责任田一旦出现黑穗，应在膜未破裂前拔掉深埋或烧掉。

2. 栽培防病措施

（1）抗病品种。尽可能在现有品种中寻找抗病品种。

（2）适期播种。不同地区应因地制宜掌握播期。

3. 种子处理

（1）药剂拌种。种子表面带菌（腥黑穗病、秆黑粉病），关键抓药剂拌种。药剂：35％菲醌、50％福美双、50％托布津、

50％多菌灵、50％苯来特、70％敌克松、25％萎锈灵、40％拌种双。以上为粉剂，用量：干种子质量的 0.2％～0.4％。为使药剂均匀，在药中加少量细干土拌匀后再拌种。有的用种子：尿＝1：1 浸种 2～3 小时，可刺激发芽，缩短芽鞘期。

（2）浸种。种子内部带菌（散黑穗病）。1％石灰水浸种。0.5 千克石灰加水 50 千克，浸种 30～35 千克，水面高出种子6.6～9.9 厘米。浸种时间：水温 20℃，3～4 天；水温 25℃，2～3 天；水温 30℃以上，1～1.5 天；水温 35℃，1 天。

4. 防止土壤、粪肥传病（秆黑粉病、腥黑穗病）

（1）土壤处理。100％六氯代苯或 75％五氯硝基苯，7.5 千克/公顷加细干土 37.5～75.0 千克/公顷，与已拌过药剂的种子一块播下，能防止土壤中病菌的感染。

（2）高温腐熟肥料并采用粪种隔离。

（3）增施有机肥，促土壤中抗生菌繁殖。

七、小麦根腐病

小麦根腐病是由禾旋孢腔菌引起，为害小麦幼苗、成株的根、茎、叶、穗和种子的一种真菌病害。根腐病分布极广，小麦种植国家均有发生。中国主要发生在东北、西北、华北、内蒙古等地区，且东北、西北春麦区发生重。近年来不断扩大，广东、福建麦区也有发现。

（一）症状

全生育期均可引起发病。苗期引起根腐，成株期引起叶斑、穗腐或黑胚。种子带菌严重的不能发芽，轻者能发芽，但幼芽脱离种皮后即死在土中，有的虽能发芽出苗，但生长细弱。幼苗染病后在芽鞘上产生黄褐色至褐黑色梭形斑，边缘清晰，中间稍褪色，扩展后引起种根基部、根间、分蘖节和茎基部褐变，病组织逐渐坏死，上生黑色霉状物，最后根系朽腐，麦苗平铺在地上，下部叶片变黄，逐渐黄枯而亡。成株期染病叶片上出现梭形小褐斑，后扩展为长椭圆形或不规则形浅褐色斑，病斑两面均生灰黑色霉，病斑融合成大斑后枯死，严重的整叶枯死。叶鞘染病产生边缘不明显的云状斑块，与其连接叶片黄枯而死。小穗发病出现褐斑和白穗。

（二）发病规律

菌以菌丝体和厚垣孢子在病残体和土壤中越冬，成为翌年的初侵染源。该菌在土壤中存活 2 年。生产上播种带菌种子可引致苗期发病。幼苗受害程度随种子带菌量增加而加重，如侵染源多则发病重；在种子带菌为主的条件下，种子被害程度较其带菌率对发病影响更大；生产上土壤温度低或土壤湿度过低或过高均易发病，土质瘠薄或肥水不足抗病力下降及播种过早或过深发病重。

（三）防治方法

1. 农业防治

（1）因地制宜地选用适合当地栽培的抗根腐病的品种。

（2）选用无病种子和进行种子处理。

（3）施用腐熟的有机肥，麦收后及时耕翻灭茬，使病残组织当年腐烂，以减少下年初侵染源。

（4）进行轮作换茬，适时早播、浅播。土壤过湿的要散墒后播种，土壤过干则应采取镇压保墒等农业措施减轻受害。

2. 药剂防治

（1）种子处理。用 25％粉锈宁，或 50％福美双，或 50％扑海因可湿性粉剂拌种，用量为种子质量的 0.2％。

（2）喷雾。在发病初期及时喷药进行防治，效果较好的药剂有：50％异菌脲可湿性粉剂 900～1 500 克/公顷；15％三唑酮乳油 600～900 毫升/公顷＋50％多菌灵可湿性粉剂 750～900 克/公顷；25％丙环唑乳油 375～600 毫升/公顷，对水 1 125 千克喷雾。成株开花期，喷洒 25％丙环唑乳油 4 000 倍液＋50％福美双可湿性粉剂 1500 克/公顷，对水均匀喷洒。成株抽穗期，可用 25％丙环唑乳油 600 毫升/公顷、25％三唑酮可湿性粉剂 1 500 克/公顷，对水 1 125 千克喷洒 1～2 次。

八、小麦叶枯病

小麦叶枯病是引起小麦叶斑和叶枯类病害的总称。世界上报道的叶枯病的病原菌达 20 多种。我国目前以雪霉叶枯病、链格孢叶枯病、壳针孢类叶枯病、黄斑叶枯病等在各产麦区为害较大，已成为我国小麦生产上的一类重要病害，多雨年份和潮湿地区发生尤其严重。

（一）症状

小麦叶枯病多在小麦抽穗期开始发生，主要为害叶片和叶鞘，初发病叶片上生长出卵圆形淡黄色至淡绿色小斑，以后迅速扩大，形成不规则形黄白色至黄褐色大斑块，一般先从下部叶片开始发病枯死逐渐向上发展。

（二）发病规律

小麦叶枯病的发病程度与气象因素、栽培条件、菌源数量、品种抗病性等因素有关。

1. 气候因素 潮湿多雨和比较冷凉的气候条件有利于小麦雪霉叶枯病的发生。14～18℃适宜于菌丝生长、分生孢子和子囊孢子的产生，18～22℃则有利于病菌侵染和发病。4 月下旬至 5 月上旬降雨量对病害发展影响很大，如此期降雨量超过 70 毫米发病严重，40 毫米以下则发病较轻。苗期受冻，幼苗抗逆力弱，

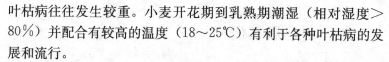

叶枯病往往发生较重。小麦开花期到乳熟期潮湿（相对湿度＞80％）并配合有较高的温度（18～25℃）有利于各种叶枯病的发展和流行。

2. 栽培条件 氮肥施用过多，冬麦播种偏早或播量偏大，造成植株群体过大，田间郁闭，发病重。东北地区报道，春小麦过迟播种，幼苗根腐叶枯病也重。麦田灌水过多，或生长后期大水漫灌，或地势低洼排水不良，有利于病害发生。

3. 菌源数量 种子感病程度重，带菌率高，播种后幼苗感病率和病情指数也高。东北地区研究报道，种子感病程度与根腐叶枯病病苗率和病情指数之间呈高度正相关。

（三）防治方法

1. 农业防治

（1）使用健康无病种子，适期适量播种。

（2）施足基肥，氮磷钾配合使用，以控制田间群体密度，改善通风透光条件。

（3）控制灌水，雨后还要及时排水。

2. 药剂防治

（1）种子处理。用种子质量0.2％～0.3％的50％福美双可湿性粉剂拌种，或33％纹霉净（三唑酮、多菌灵）可湿性粉剂按种子质量0.2％拌种。

（2）喷雾。扬花期至灌浆期是防治叶枯病的关键时期，田间开始发病时，可选用下列杀菌剂进行预防和防治：75％百菌清可湿性粉剂1 125～1 425克/公顷＋12.5％烯唑醇可湿性粉剂340～450克/公顷；或20％三唑酮乳油1 500毫升/公顷；或50％福美双可湿性粉剂1 500克/公顷＋50％多菌灵可湿性粉剂1 000倍液；或50％甲基硫菌灵可湿性粉剂1 000倍液；或40％氟硅唑乳油6 000～8 000倍液；或50％异菌脲可湿性粉剂1 500倍液，每公顷用对好的药液600～750千克，均匀喷施。

九、小麦病毒病

病毒病是小麦生产上的一类重要病害，近年来有逐年加重趋势。目前世界上报道的小麦病毒病约有 30 种，而我国发现的也已超过 16 种。其中发生普遍、为害严重的主要是小麦丛矮病、黄矮病、土传花叶病等。

（一）症状

1. 丛矮病　此病的典型症状是上部叶片有黄绿相间的条纹，分蘖显著增多，植株矮缩，形成明显的丛矮状。秋苗期感病，在新生叶上有黄白色断续的虚线条，以后发展成为不均匀的黄绿条纹，分蘖明显增多。冬前感病的植株大部分不能越冬而死亡，轻病株返青后分蘖继续增多，表现细弱，叶部仍有明显黄绿相间的条纹，病株严重矮化，一般不能拔节抽穗或早期枯死。拔节以后感病的植株只上部叶片显条纹，能抽穗，但穗很小，籽粒秕，千粒重下降。

2. 黄矮病　秋苗期和春季返青后均可发病。典型症状是新叶从叶尖开始发黄，植株变矮。叶片颜色为金黄色到鲜黄色，黄化部分占全叶的 $1/3 \sim 1/2$。秋苗期感病的植株矮化明显，分蘖减少，一般不能安全越冬。即使能越冬存活，一般也不能抽穗。穗期感病的植株一般只旗叶发黄，呈鲜黄色，植株矮化不明显，能抽穗，千粒重减低。

3. 土传花叶病　小麦土传花叶病一般在秋苗上不表现症状或症状不明显，春季植株返青后逐渐显症。受害植株心叶上产生褪绿斑块或不规则的黄色短条斑，返青后叶片上形成黄色斑块，拔节后下部叶片多变黄枯死，中部叶片上产生大量黄色斑驳或条纹。病田植株发黄，似缺肥状。病株常矮化，分蘖枯死，成穗少，穗小粒秕，千粒重明显下降。

（二）发病规律

1. 丛矮病　小麦丛矮病毒不经汁液、种子和土壤传播，主要由灰飞虱传毒。灰飞虱吸食后，需经一段循回期才能传毒。日均温 26.7℃，平均 10～15 天，20℃时平均 15.5 天。1～2 龄若虫易得毒，而成虫传毒能力最强。最短获毒期 12 小时，最短传毒时间 20 分钟。获毒率及传毒率随吸食时间延长而提高。一旦获毒可终生带毒，但不经卵传递。病毒随带毒若虫且在其体内越冬。冬麦区灰飞虱秋季从带病毒的越夏寄主上大量迁飞至麦田为害，造成早播秋苗发病。越冬带毒若虫在杂草根际或土缝中越冬，是翌年毒源，次年迁回麦苗为害。小麦成熟后，灰飞虱迁飞至自生麦苗、水稻等禾本科植物上越夏。

2. 黄矮病　病毒不能经种子、汁液和土壤传播，只能由蚜虫传播。传播蚜虫有麦二叉蚜、麦无网长管蚜、麦长管蚜、禾缢管蚜和玉米蚜等。山东省小麦黄矮病的传毒昆虫主要是麦二叉蚜。蚜虫的传毒能力很强，在病叶上吸食 30 分钟即可获毒，再在健株上吸食 5～10 分钟即可传完毒。蚜虫的传毒能力维持 20 天左右，不能通过卵传毒，也不能传给下一代。病毒进入小麦植株后，随营养物质的运输，迅速被输送到小麦生长点，导致新叶首先发病。当气温 16～20℃时，病毒潜育期为 15～20 天，温度低，潜育期长，气温在 25℃以上时显症，超过 30℃症状不显现。秋天，小麦出苗后，蚜虫从夏秋禾谷类作物或禾本科杂草上迁入麦田取食、繁殖与传毒，在麦田形成再取食再传毒的过程，引起不同生育期的小麦发病，5 月下旬至 6 月上旬，带毒蚜虫再将病毒传给越夏寄主植物，并在这些植物上为害传毒，至小麦秋苗期，蚜虫又迁回麦田为害与传毒。小麦黄矮病的发生程度与蚜虫数量、气候条件有密切关系。传毒蚜虫的数量越大，病害发生越重，特别是麦二叉蚜的发生量直接影响病害的发生轻重。冬前气温偏高，年后 2～3 月份平均气温高，回升快，有利于蚜虫的繁殖和传毒，加上大面积种植感病品种，黄矮病容易发生流行。

3. 土传花叶病 小麦土传花叶病不能通过昆虫、种子传播，而是经禾谷多黏菌传毒侵染。多黏菌是一种土壤真菌，以带毒的休眠孢子在土壤中越冬，因此，这一病害如同土壤传播。病土、病根茬是小麦土传花叶病的初侵染来源，流水及农事操作可使病害扩散蔓延。该病的发生与品种、土壤肥力、土质有关。品种不同，发病程度不同；肥水条件差的地块，发病重；一般基肥足，追肥及时，植株生长健壮的麦田发病轻；黏土、黄土较沙壤土发病轻。

（三）防治方法

1. 农业防治

（1）使用抗、耐病品种。有的病毒病很容易找到抗病品种，而且抗性持久，如土传花叶病毒病，而有的只能找到比较耐病的品种，如黄矮病。

（2）合理安排种植制度。尽量避免棉麦、烟麦等间套作，所有大秋作物收获后及时耕翻灭茬，解决杂草虫害问题；防止过早播种，避开田间害虫越冬前的迁飞活动高峰。

2. 药剂防治

（1）药剂拌种。用种子质量 0.3％的 50％辛硫磷乳油对水拌种，并闷种 24 小时后拌种。

（2）喷雾。用 40％乐果乳油 1 000～2 000 倍液，均匀喷雾，防治传毒害虫，可减轻病毒病发生和蔓延。

第三节　小麦主要虫害及其防治

一、小麦蚜虫

小麦蚜虫分布极广，几乎遍及世界各产麦国，我国为害小麦的蚜虫有多种，通常较普遍而重要的有：麦长管蚜、麦二叉蚜、禾缢管蚜、无网长管蚜。在国内除无网长管蚜分布范围较小外，其余在各麦区均普遍发生，但常以麦长管蚜和麦二叉蚜发生数量最多，为害最重。一般麦长管蚜无论南北方密度均相当大，但偏北方发生更重；麦二叉蚜主要发生于长江以北各省，尤以比较少雨的西北冬春麦区频率最高。就麦长管蚜和麦二叉蚜来说，除小麦、大麦、燕麦、糜子、高粱和玉米等寄主外，麦长管蚜还能为害水稻、甘蔗和茭白等禾本科作物及早熟禾、看麦娘、马唐、棒头草、狗牙根和野燕麦等杂草，麦二叉蚜能取食赖草、冰草、雀麦、星星草和马唐等禾本科杂草。

（一）形态特征

1. 麦长管蚜　无翅孤雌蚜体长 3.1 毫米，宽 1.4 毫米，长卵形，草绿色至橙红色，头部略显灰色，腹侧具灰绿色斑。触角、喙端节、跗节、腹管黑色。尾片色浅。腹部第 6～8 节及腹面具横网纹，无缘瘤。中胸腹岔短柄。额瘤显著外倾。触角细长，全长不及体长，第三节基部具 1～4 个次生感觉圈。喙粗大，超过中足基节。端节圆锥形，是基宽的 1.8 倍。腹管长圆筒形，长为体长 1/4，在端部有网纹十几行。尾片长圆锥形，长为腹管的 1/2，有 6～8 根曲毛。有翅孤雌蚜体长 3.0 毫米，椭圆形，绿色，触角黑色，第三节有 8～12 个感觉圈排成一行。喙不达中足基节。腹管长圆筒形，黑色，端部具 15～16 行横行网纹，尾片长圆锥状，有 8～9 根毛。

2. 麦二叉蚜　无翅孤雌蚜体长 2.0 毫米，卵圆形，淡绿色，背中线深绿色，腹管浅绿色，顶端黑色。中胸腹岔具短柄。额瘤较中额瘤高。触角 6 节，全长超过体长的一半，喙超过中足基节，端节粗短，长为基宽的 1.6 倍。腹管长圆筒形，尾片长圆锥形，长为基宽的 1.5 倍，有长毛 5～6 根。有翅孤雌蚜体长 1.8 毫米，长卵形。活时绿色，背中线深绿色。头、胸黑色，腹部色浅。触角黑色共 6 节，全长超过体长的一半。触角第三节具 4～10 个小圆形次生感觉圈，排成一列。前翅中脉二叉状。

3. 禾缢管蚜 成虫无翅孤雌蚜，体宽卵形，长 1.9 毫米，宽 1.1 毫米，体表绿色至墨绿色，杂以黄绿色纹，常被薄粉；头部光滑，胸腹背面有清楚网纹；腹管基部周围常有淡褐色或锈色斑，腹部末端稍带暗红色；触角 6 节，黑色，为体长的 2/3；第 3～6 节有复瓦状纹，第六节鞭部的长度是基部 4 倍；腹管黑色，长圆筒形，端部略凹缢，有瓦纹。有翅孤雌蚜，体卵形，长 2.1 毫米，宽 1.1 毫米；头、胸黑色；腹部绿色至深绿色，腹部背面两侧及后方有黑色斑纹；触角 6 节，黑色，短于体长。卵：初产时黄绿色，较光亮，稍后转为墨绿色。无翅若蚜：末龄体墨绿色，腹部后方暗红色；头部复眼暗褐色；体长 2.1 毫米，宽 1.0 毫米。

4. 无网长管蚜 无翅成蚜体形呈长椭圆形，体长 2.5 毫米。腹部蜡白色至淡赤色。腹管长圆筒形，淡色至绿色，端部无网状纹。尾片有毛 7～9 根，有翅蚜翅中脉分支 2 次。触角第三节长 0.52 毫米，有感觉圈 10～20 个以上。

（二）为害特点

小麦拔节抽穗后，麦蚜为害多集中在茎叶和穗部，病部呈浅黄色斑点，严重时叶片发黄，甚至整株枯死。麦蚜在直接为害的同时，还间接传播小麦病毒病，其中以传播小麦黄矮病为害最大。

（三）发生规律

麦蚜的越冬虫态及场所均依各地气候条件而不同，南方无越冬期，北方麦区、黄河流域麦区以无翅胎生雌蚜在麦株基部叶丛或土缝内越冬，北部较寒冷的麦区，多以卵在麦苗枯叶上、杂草上、茬管中、土缝内越冬，而且越向北，以卵越冬率越高。从发生时间上看，麦二叉蚜早于麦长管蚜，麦长管蚜一般到小麦拔节后才逐渐加重。

麦蚜为间歇性猖獗发生，这与气候条件密切相关。麦长管蚜喜中温不耐高温，要求湿度为40％～80％，而麦二叉蚜则耐30℃的高温，喜干怕湿，湿度35％～67％为适宜。一般早播麦田，蚜虫迁入早，繁殖快，为害重；夏秋作物的种类和面积直接关系麦蚜的越夏和繁殖。前期多雨气温低，后期一旦气温升高，常会造成麦蚜的大暴发。

（四）防治方法

1. 农业防治

（1）合理布局作物，冬、春麦混种区尽量使其单一化，秋季作物尽可能为玉米和谷子等。

（2）选择一些抗虫耐病的小麦品种，造成不良的食物条件。

（3）冬麦适当晚播，实行冬灌，早春耙磨镇压。

2. 药剂防治 药剂防治应注意抓住防治适期和保护天敌的控制作用。

（1）防治适期。麦二叉蚜要抓好秋苗期、返青和拔节期的防治；麦长管蚜以扬花末期防治最佳。

（2）选择药剂。

①用40％乐果乳油2 000～3 000倍液或50％辛硫磷乳油2 000倍液，对水喷雾。

②每公顷用50％辟蚜雾可湿性粉剂150克，对水750～900千克喷雾。

③用50％抗蚜威4 000～5 000倍液喷雾防治。

二、小麦吸浆虫

小麦吸浆虫为世界性害虫，广泛分布于亚洲、欧洲和美洲主要小麦栽培国家。国内的小麦吸浆虫亦广泛分布于全国主要产麦区，我国的小麦吸浆虫主要有两种，即红吸浆虫和黄吸浆虫。小麦红吸浆虫主要发生于平原地区的渡河两岸，而小麦黄吸浆虫主要发生在高原地区和高山地带。

（一）形态特征

麦红吸浆虫：雌成虫体长 2.0～2.5 毫米，翅展 5 毫米左右，体橘红色。复眼大，黑色。前翅透明，有 4 条发达翅脉，后翅退化为平衡棍。触角细长，雌虫触角 14 节，念珠状，各节呈长圆形膨大，上面环生 2 圈刚毛。胸部发达，腹部略呈纺锤形，产卵管全部伸出。雄虫体长 2 毫米左右，触角 14 节，其柄节、梗节中部不缢缩，鞭节 12 节，每节具 2 个球形膨大部分，环生刚毛。卵长 0.09 毫米，长圆形，浅红色。幼虫体长 2～3 毫米，椭圆形，橙黄色，头小，无足，蛆形；前胸腹面有 1 个 Y 形剑骨片，前端分叉，凹陷深。蛹长 2 毫米，裸蛹，橙褐色，头前方具白色短毛 2 根和长呼吸管 1 对。

麦黄吸浆虫：雌体长 2 毫米左右，体鲜黄色，产卵器伸出时与体等长。雄虫体长 1.5 毫米，腹部末端的抱握器基节内缘无齿。卵长 0.29 毫米，香蕉形。幼虫体长 2.0～2.5 毫米，黄绿色，体表光滑，前胸腹面有剑骨片，剑骨片前端呈弧形浅裂，腹末端生突起 2 个。蛹鲜黄色，头端有 1 对较长毛。

（二）为害特点

以幼虫潜伏在颖壳内吸食正在灌浆的麦粒汁液，造成秕粒、空壳。小麦吸浆虫以幼虫为害花器、籽实和或麦粒，是一种毁灭性害虫。

（三）发生规律

两种吸浆虫发生均一年一代，遇不良环境幼虫有多年休眠习性，故也有多年一代的。以老熟幼虫在土中结圆茧越冬、越夏。黄淮流域3月上中旬越冬幼虫破茧上升到土表，此时小麦多处于拔节期，4月中下旬大量化蛹，蛹羽化盛期在4月下旬至5月上旬，成虫出现后，正值小麦抽穗扬花期，随之大量产卵。在同一地区黄吸浆虫发育历期略早于麦红吸浆虫。成虫羽化后当天或第二天即行交配产卵，红吸浆虫多将卵产在已抽穗尚未扬花的麦穗颖间和小穗间，一处3～5粒，卵期3～5天。黄吸浆虫多产在刚露脸初抽穗麦株的内外颖里面及其侧片上，一处产5～6粒，卵期7～9天。幼虫孵化后，随即转入颖壳，附在子房或刚灌浆的麦粒上唑取汁液为害。幼虫共3龄，历期15～20天，老熟幼虫为害后，爬至颖壳及麦芒上，随雨珠、露水或自动弹落在土表，钻入土中10～20厘米处作圆茧越冬。

小麦吸浆虫的发生受气候、品种等多因素影响。当10厘米土温7℃时，幼虫破茧活动，12～15℃化蛹，20～23℃羽化成虫，温度上升30℃以上时，幼虫即恢复休眠。天气干旱、土壤含水率低不利于化蛹、羽化及成虫产卵。如雨水充沛、气温适宜常会引起吸浆虫的大发生。小麦芒少，小穗间空隙大，颖壳扣合不紧密和扬花期长的品种，利其产卵，为害重。成虫盛发期与小麦抽穗扬花期吻合发生重，两期错位则发生轻。土壤团粒构造好，土质疏松，保水力强也利其发生。在保证虫源的前提下，小麦吸浆虫是否成灾的主导因素是上年7、8月份和当年1、2月份的雨量和气温。

（四）防治方法

1. 农业防治

（1）选用抗虫品种。吸浆虫耐低温而不耐高温，因此越冬死亡率低于越夏死亡率。土壤湿度条件是越冬幼虫开始活动的重要因素，是吸浆虫化蛹和羽化的必要条件。不同小麦品种，小麦吸浆虫的为害程度不同，一般芒长多刺，口紧小穗密集，扬花期短而整齐，果皮厚的品种，对吸浆虫成虫的产卵、幼虫入侵和为害均不利。因此要选用穗形紧密，内外颖毛长而密，麦粒皮厚，浆液不易外流的小麦品种。

（2）轮作倒茬。麦田连年深翻，小麦与油菜、豆类、棉花和水稻等作物轮作，对压低虫口数量有明显的作用。在小麦吸浆虫严重田及其周围，可实行棉麦间作或改种油菜、大蒜等作物，待雨年后再种小麦，就会减轻为害。

2. 化学防治

（1）土壤处理。时间：①小麦播种前，最后一次浅耕时；②小麦拔节期；③小麦孕穗期。药剂：50%辛硫磷乳油3 000毫升，加水75千克喷在300～375千克的细土上，拌匀制成毒土施用，边撒边耕，翻入土中。

（2）成虫期药剂防治。在小麦抽穗至开花前，每公顷用40%乐果乳剂1 000倍液；2.5%溴氰菊酯3 000倍液；40%杀螟松可湿性粉剂1 500倍液等喷雾。

三、小麦红蜘蛛

小麦红蜘蛛，也称麦蜘蛛、火龙、红旱、麦虱子等，主要有麦长腿蜘蛛和麦圆蜘蛛两种。麦圆蜘蛛多发生在北纬37°以南各省，如山东、山西、江苏、安徽、河南、四川、陕西等地。麦长腿蜘蛛主要发生于黄河以北至长城以南地区，如河北、山东、山西、内蒙古等地。

（一）形态特征

麦圆蜘蛛：（1）成虫：雌成虫体卵圆形，体长0.60～0.98毫米，体宽0.43～0.65毫米，体黑褐色，体背有横刻纹8条，在体背后部有隆起的肛门。足4对，第一对足最长。（2）卵：麦粒状，长约0.2毫米，宽0.1～0.14毫米，初产暗红色，以后渐变淡红色，上有五角形网纹。（3）幼虫和若虫：初孵幼螨足 3 对，等长，身体、口器及足均为红褐色，取食后渐变暗绿色。幼虫蜕皮后即进入若虫期，足 4 对，体形与成虫大体相似。

麦长腿蜘蛛：（1）成虫：雌成虫形似葫芦状，黑褐色，体长 0.6 毫米，宽约 0.45 毫米。体背有不太明显的指纹状斑。背刚毛短，共 13 对，纺锤形，足 4 对，红或橙黄色，均细长。第一对足特别发达，中垫爪状，具 2 列黏毛。（2）卵：越夏卵呈圆柱形，橙红色，直径 0.18 毫米，卵壳表面被有白色蜡质，卵的顶部覆盖白色蜡质物，形似草帽状。卵顶有放射形条纹。非越夏卵呈球形，红色，直径约 0.15 毫米。初孵时为鲜红色，取食后变为黑褐色，若虫期足 4 对，体较长。

（二）为害特点

以成、若虫吸食麦叶汁液，受害叶上出现细小白点，后麦叶变黄，麦株生育不良，植株矮小，严重的全株干枯。

（三）发生规律

麦长腿蜘蛛一年发生 3～4 代，以成虫和卵越冬，第二年 3 月越冬成虫开始活动，卵也陆续孵化，4～5 月进入繁殖及为害盛期。5 月中下旬成虫大量产卵越夏。10 月上中旬越夏卵陆续孵化为害麦苗，完成一世代需 24～26 天。麦圆蜘蛛一年发生 2～3 代，以成、若虫和卵在麦株及杂草上越冬。3 月中下旬至 4 月上旬虫量大，为害重，4 月下旬虫口消退，越夏卵 10 月开始孵化为害秋苗。每雌平均产卵 20 余粒，完成 1 代需 46～80 天，两种麦蜘蛛均以孤雌生殖为主。

麦长腿蜘蛛喜干旱，生存适温为 15～20℃，最适相对湿度在 50% 以下。麦圆蜘蛛多在早 8～9 点以前和下午 4～5 点以后活动。不耐干旱，生活适温 8～15℃，适宜湿度在 80% 以上。遇大风多隐藏在麦丛下部。两种蜘蛛均有遇惊坠落现象。

(四)防治方法

1. 农业防治　有条件的地方可实行轮作倒茬，及时清除田边地头杂草；麦收后深耕灭茬，消灭越夏卵，压低秋苗虫口基数；适时灌溉，恶化麦蜘蛛发生条件；在灌水之前人工拌落麦蜘蛛，使其坠落沾泥而死亡。

2. 药剂防治　一是拌种，用 75% 丁硫克百威 150～300 毫升，对水 5 千克，喷拌 50 千克麦种；二是田间施药，用 40% 乐果乳剂 2 000 倍液，或 40% 三氯杀螨醇乳油 1 500 倍液，或 50% 马拉硫磷乳油 2 000 倍液喷雾。

四、小麦黏虫

黏虫又名东方黏虫，俗称剃枝虫、行军虫、五色虫。全国各地均有分布。我国有黏虫类害虫 60 余种，较常见的有劳氏黏虫、白脉黏虫等，在南方与黏虫混合发生，但数量、为害一般不及黏虫，在北方各地虽有分布，但较少见。

(一)形态特征

成虫体长 17～20 毫米，淡黄褐色或灰褐色，前翅中央前缘各有 2 个淡黄色圆斑，外侧圆斑后方有 1 个小白点，白点两侧各有 1 个小黑点，顶角具 1 条伸向后缘的黑色斜纹。卵馒头形，单层成行排成卵块。幼虫 6 龄，体色变异大，腹足 4 对。高龄幼虫头部沿蜕裂线有棕黑色八字纹，体背具各色纵条纹，背中线白色较细，两边为黑细线，亚背线红褐色，上下镶灰白色细条，气门线黄色，上下具白色带纹。蛹长 19～23 毫米，红褐色。

(二)为害特点

低龄时咬食叶肉，使叶片形成透明条纹状斑纹，3 龄后沿叶

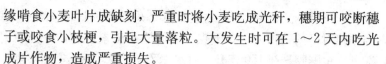

缘啃食小麦叶片成缺刻，严重时将小麦吃成光秆，穗期可咬断穗子或咬食小枝梗，引起大量落粒。大发生时可在1~2天内吃光成片作物，造成严重损失。

（三）发生规律

黏虫是典型的迁飞性害虫，每年3月份至8月中旬顺气流由南往偏北方向迁飞，8月下旬至9月份又随偏北气流南迁。国内由南到北每年依次发生8~2代。在我国东半部，北纬27°以南1年发生6~8代，以秋季为害晚稻世代和冬季为害小麦世代发生较多；北纬27°~33°地区1年发生5~6代，以秋季为害晚稻世代发生较多；北纬33°~36°地区1年发生4~5代，以春季为害小麦世代发生较多；北纬36~39°地区1年发生3~4代，以秋季世代发生较多，为害麦、玉米、粟、稻等；北纬39°以北1年发生2~3代，以夏季世代发生较多，为害麦、粟、玉米、高粱及牧草等。在1月等温线0℃（北纬33°以北地区）不能越冬，每年由南方迁入；1月等温线0~8℃（北纬33°~27°北半部）多以幼虫或蛹在稻茬、稻田埂、稻草堆、菰丛、莲台、杂草等处越冬，南半部多以幼虫在麦田杂草地越冬，但数量较少；1月等温线8℃（约北纬27°以南）可终年繁殖，主要在小麦田越冬为害。

（四）防治方法

（1）诱杀成虫。利用成虫多在禾谷类作物叶上产卵习性，在麦田插谷草把或稻草把，每10米²1个，每5天更换新草把，把换下的草把集中烧毁。此外也可用糖醋盆、黑光灯等诱杀成虫，压低虫口。

（2）根据预测预报，在幼虫3龄前及时喷撒2.5%敌百虫粉或5%杀虫畏粉，每公顷喷22.5~37.5千克。有条件的喷洒90%晶体敌百虫1000倍液或50%马拉硫磷乳油1000~1500倍液、90％晶体敌百虫 1 500 倍液加 40％乐果乳油 1 500 倍液，每公顷喷对好的药液 1 125 千克。提倡施用激素农药，每公顷用 20％除虫脲胶悬剂 150 毫升，对水 187.5 千克，用喷雾器喷洒。

（3）防治黏虫药剂丁硫克百威、辛硫磷、双甲脒单独防治黏虫时防效从高到低顺序为：辛硫磷＞丁硫克百威＞双甲脒。丁硫克百威与辛硫磷以 1：4 混配，增效作用显著。双甲脒与丁硫克百威及双甲脒与辛硫磷 1：1 混配有增效作用。

五、麦秆蝇

俗称小麦钻心虫、麦蛆。在内蒙古、华北及西北春麦区分布尤为广泛，在冬麦区分布也较普遍，新疆、内蒙古、宁夏以及河北、山西、陕西、甘肃部分地区为害较重。麦秆蝇主要为害小麦，也为害大麦和黑麦以及一些禾本科和莎草科的杂草。

（一）形态特征

雄成虫体长 3.0～3.5 毫米，雌虫 3.7～4.5 毫米，体为浅黄绿色，复眼黑色，胸部背面具 3 条黑色或深褐色纵纹，中间一条纵纹前宽后窄，直连后缘棱状部的末端，两侧的纵纹仅为中纵纹的一半或一多半，末端具分叉。触角黄色，小腮须黑色，基部黄色。足黄绿色。后足腿节膨大。卵长 1 毫米，纺锤形，白色，表面具纵纹 10 条。末龄幼虫体长 6.0～6.5 毫米，黄绿色或淡黄绿色，头端有一黑色口钩，呈蛆形。蛹属围蛹，黄绿色，雄体长 4.3～4.7 毫米，雌体长 5.0～5.3 毫米，蛹壳透明，可见复眼、胸、腹部等。

（二）为害特点

以幼虫为害，从叶鞘与茎间潜入，在幼嫩的心叶或穗节基部 1/5 或 1/4 处或近基部呈螺旋状向下蛀食幼嫩组织。因被害茎的生育期不同，可分以下几种情况：（1）分蘖拔节期，幼虫取食心叶基部与生长点，使心叶外露部分干枯变黄，成为"枯心苗"；（2）孕穗期，被害嫩穗及嫩穗节不能正常发育抽穗，到被害后期，嫩穗因组织破坏而腐烂，叶鞘外部有时呈黄褐色长形块状斑，形成烂穗；（3）孕穗末期，幼虫入茎后潜入小穗为害小花，穗抽出后，被害小穗脱水失绿变为黄白色，形成"坏穗"；（4）抽穗初期，幼虫取食穗基部尚未角质化的幼嫩组织，使外露的穗部脱水失绿干枯，变为黄白色，形成白穗。

（三）发生规律

麦秆蝇一年发生世代，因地而异，春麦区一年 2 代，以幼虫在杂草寄主及土缝中越冬。东北南部越冬代成虫 6 月初出现，随之产卵至 6 月中下旬，幼虫蛀入麦茎为害 20 天左右，7 月上中旬化蛹。第二代幼虫转移至杂草寄主为害后越冬。冬麦区一年 3～4 代，以幼虫越冬。1、2 代幼虫为害小麦，3 代转移到自生麦苗上为害，第四代又转移至秋苗为害，以 4～5 月间为害最重。秋季为害后，老熟幼虫在为害处或野生寄主上越冬。成虫有趋光性，糖蜜对其诱引力也很强。成虫羽化后当日即可交尾，白天活动，晴朗天气活跃在麦株间，卵多产在第四或第五叶片的麦茎上，卵散产，一头雌虫平均可产卵 20 余粒，多者 70～80 粒。该虫产卵和幼虫孵化需较高湿度，小麦茎秆柔软、叶片较宽或毛少的品种，产卵率高，为害重。

（四）防治方法

1. 农业防治

（1）选用抗虫品种。选用一些穗紧密、芒长而带刺的小麦品种种植可以减轻麦秆蝇的为害。

（2）适时播种。尽可能早播种，加强水肥管理，促使小麦生长发育，早拔节。

（3）做好冬耕冬灌工作，提高越冬死亡率。

2. 药剂防治

（1）防治关键时期。应是小麦的拔节末期及幼虫大量孵化入茎的时期。

（2）选用的药剂。2.5%敌百虫粉剂，1.5%乐果粉剂，每公顷用 22.5～30.0 千克。

六、麦叶蜂

有小麦叶蜂、黄麦叶蜂和大麦叶蜂 3 种，其中发生普遍、为害较重的是小麦叶蜂，主要发生在华北、东北、华东等地区。近年来，在局部地区为害加重，已上升为主要害虫。麦叶蜂寄主植物除麦类处，尚可取食看麦娘等禾本科杂草。

（一）形态特征

1. 小麦叶蜂　成虫：雌体长 8.0～9.8 毫米，黑色而微有蓝光，前胸背板、中胸前盾板和翅基片锈红色，后胸背面两侧备有一白斑。雄体长 8.0～8.8 毫米，体色与雌同。卵：近肾形，长约 1.8 毫米，淡黄色。幼虫：体圆筒形，共 5 龄。上唇不对称，左边比右边稍大，胸、腹部各节均有绢纹，末龄幼虫体色灰绿，背面暗蓝，腹部 2～8 节各有腹足 1 对，第十节有臀足 1 对，最末一节背面有一对暗色斑。蛹：体色从淡黄到棕黑。

2. 黄麦叶蜂　成虫：黄色。幼虫：浅绿色。

3. 大麦叶蜂　与小麦叶蜂成虫很相似，仅中胸前盾板为黑色，后缘赤褐色，盾板两叶全是赤褐色。

（二）为害特点

以幼虫为害麦叶，从叶边缘向内咬食成缺刻，重者可将麦叶

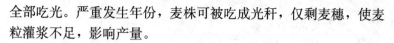

全部吃光。严重发生年份，麦株可被吃成光秆，仅剩麦穗，使麦粒灌浆不足，影响产量。

（三）发生规律

麦叶蜂繁殖一年一代，以蛹在土中 20～24 厘米深处越冬，3 月中、下旬羽化，成虫在麦叶主脉两侧锯成裂缝的组织中产卵。4 月上旬至 5 月上旬卵孵化，幼虫为害麦叶，1～2 龄幼虫夜间在麦叶上为害，3 龄后，白天躲在麦丛下土缝中，夜间出来蚕食麦叶。5 月中旬老熟幼虫入土做茧休眠，8 月中旬化蛹越冬。成虫和幼虫都有假死性。幼虫喜潮湿，冬季温暖，土壤湿度适宜，越冬蛹成活率高，发病就严重。

（四）防治方法

1. 农业防治　播种前深耕，可把土中休眠的幼虫翻出，使其不能正常化蛹，以致死亡，有条件地区实行水旱轮作，进行稻麦倒茬，可控制为害。

2. 药剂防治　防治适期掌握在 3 龄前，药剂种类可用 50% 辛硫磷乳油 1 500 倍液喷雾，也可用 2.5% 敌百虫粉或 4.5% 甲敌粉每公顷 22.5～37.5 千克喷粉，或对细干土 300～375 千克顺麦垄撒施。药剂防治时间宜选择在傍晚或上午 10 时前，可提高防治效果。

3. 人工捕杀　利用麦叶蜂幼虫的假死习性，傍晚时用捕虫网等进行捕杀。

七、小麦叶蝉

别名齐头虫、小黏虫等。分布在华东、华北、东北、甘肃、安徽、江苏等地区。以小麦、大麦及看麦娘等禾本科杂草作为寄主。

（一）形态特征

雌成虫体长 8.6～9.8 毫米，雄蜂 8～8.8 毫米，体大部黑色略带蓝光，前胸背板、中胸前盾片、翅基片锈红色，翅膜质透明略带黄色，头壳具网状刻纹。唇基有点刻，中央具 1 个大缺口。触角线状 9 节。卵长 1.8 毫米，肾脏形，表面光滑，浅黄色。末龄幼虫体长 18～19 毫米，圆筒状，胸部稍粗，腹末稍细，各节具横皱纹。头黄褐色，上唇不对称，左边较右边大。胸腹部灰绿色，背面暗蓝色，末节背面具暗色斑 1 对，腹足基部有 1 条暗色斑纹。蛹长 9.3 毫米，初黄白色，近羽化时棕黑色。

（二）为害特点

幼虫食叶成缺刻，为害严重的仅留叶脉。

（三）发生规律

每年发生 1 代，以蛹在土中越冬。翌年 3～4 月成虫羽化，交尾后用产卵器沿叶背主脉处锯 1 裂缝，边锯边产卵，卵粒成串，卵期 10 天左右，4 月中旬至 6 月中旬进入幼虫为害期，幼虫老熟后入土做土茧越夏，10 月间化蛹越冬。成虫喜在 9～15 时活动，飞翔力不强，夜晚或阴天隐蔽在小麦、大麦根际处，成虫寿命 2～7 天。幼虫共 5 龄，3 龄后白天隐蔽在麦株下部或土块下，夜晚出来为害，进入 4 龄后，食量剧增，幼虫有假死性，喜湿冷，忌干热。冬季气温高，土壤水分充足，翌春湿度大温度低，3 月雨小，有利于该虫发生。

（四）防治方法

1. 农业防治　老熟幼虫在土中时间长，麦收后及时深耕，能把土茧破坏，杀死幼虫。

2. 药剂防治

（1）幼虫发生期，于3龄前喷洒90%晶体敌百虫900倍液、80%敌敌畏乳油1 000～1 500倍液。

（2）田间发生数量大的可喷撒2.5%敌百虫粉或1.5%乐果粉，每公顷喷22.5～37.5千克，也可用上述杀虫剂加细土375千克，沿麦垄撒施。

3. 人工捕杀 利用幼虫的假死性，在傍晚时分进行人工捕杀。

八、地下害虫

小麦地下害虫在土中为害播下的种子、植株的根和地下茎等，常造成不同程度的缺苗断垄，严重影响产量。麦田中主要有蛴螬、蝼蛄和金针虫等。

（一）形态特征

1. 蛴螬 是金龟甲的幼虫，别名白土蚕、核桃虫。成虫通称为金龟甲或金龟子。蛴螬体肥大，体型弯曲呈C形，多为白色，少数为黄白色。头部褐色，上颚显著，腹部肿胀。体壁较柔软多皱，体表疏生细毛。头大而圆，多为黄褐色，生有左右对称的刚毛，刚毛数量的多少常为分种的特征。如华北大黑鳃金龟的幼虫为3对，黄褐丽金龟幼虫为5对。蛴螬具胸足3对，一般后足较长。腹部10节，第十节称为臀节，臀节上生有刺毛，其数目的多少和排列方式也是分种的重要特征。

2. 蝼蛄 俗名拉拉蛄、土狗。体狭长。头小，圆锥形。复眼小而突出，单眼2个。前胸背板椭圆形，背面隆起如盾，两侧向下伸展，几乎把前足基节包起。前足特化为粗短结构，基节特短宽，腿节略弯，片状，胫节很短，三角形，具强端刺，便于开掘。内侧有1裂缝为听器。前翅短，雄虫能鸣，发音镜不完善，仅以对角线脉和斜脉为界，形成长三角形室；端网区小，雌虫产卵器退化。

3. 金针虫 是叩头虫的幼虫，成虫叩头虫一般颜色较暗，体形细长或扁平，具有梳状或锯齿状触角。胸部下侧有一个爪，受压时可伸入胸腔。当叩头虫仰卧时，若突然敲击爪，叩头虫即会弹起，向后跳跃。幼虫圆筒形，体表坚硬，蜡黄色或褐色，末端有两对附肢，体长13～20毫米。根据种类不同，幼虫期1～3年，蛹在土中的土室内，蛹期大约3周。成虫体长8～9毫米或14～18毫米，依种类而异。体黑色或黑褐色，头部生有1对触角，胸部着生3对细长的足，前胸腹板具1个突起，可纳入中胸腹板的沟穴中。头部能上下活动似叩头状，故俗称"叩头虫"。幼虫体细长，25～30毫米，金黄或茶褐色，并有光泽，故名"金针虫"。身体生有同色细毛，3对胸足大小相同。

（二）为害特点

1. 蛴螬 幼虫为害麦苗地下分蘖节处，咬断根茎使苗枯死，成虫取食树木及农作物的叶片。

2. 蝼蛄 从播种开始直到翌年小麦乳熟期都能为害。秋季为害小麦幼苗，以成虫或若虫咬食发芽种子和咬断幼根嫩茎，或咬成乱麻状使苗枯死，并在土表穿行活动成隧道，使根土分离而缺苗断垄，为害重者造成毁种。

3. 金针虫 以幼虫咬食发芽种子和根茎，可钻入种子或根茎相交处，被害处不整齐呈乱麻状，形成枯心苗以致全株枯死。其成虫主要取食作物的嫩叶，为害不重。

（三）发生规律

1. 蛴螬 蛴螬冬季在较深土壤中过冬，第二年春季气温回升，幼虫开始向地表活动，到13～18℃时，即为活动盛期，这时主要为害返青小麦和春播作物。老熟幼虫在土中化蛹。成虫白天潜伏于土壤中，傍晚飞出活动，取食树木及农作物的叶片。雌虫把卵产在 10 厘米左右深土中，孵化后幼虫为害大豆、花生及麦苗。一年发生一代。以成虫或幼虫过冬。若越冬幼虫多，翌年为害就重。

2. 蝼蛄 东方蝼蛄以成虫和若虫在土中越冬，华中地区一年完成一代。初孵若虫具有群集性，孵化后 3～6 天群集一起，后分散为害；昼伏夜出，具有强烈的趋光性，且雌性多于雄性；对香甜物质有强烈的趋化性。喜湿性，喜栖息在河岸、渠旁等潮湿地。杂草丛生、耕作粗放地区发生重。

3. 金针虫 一般 2～3 年完成 1 代，以成虫和幼虫在土中越冬，春季 10 厘米土温 10℃以上时开始出土活动；幼虫生活历期长，田间幼虫发育不整齐，世代重叠现象和多态现象普遍；成虫昼伏夜出，有假死性，无趋光性。土壤温度是影响其在土中上下移动和为害时期的重要因子。

（四）防治方法

1. 农业防治 水旱轮作，可直接消灭蛴螬、金针虫等，减少虫源基数；通过精耕细作，中耕除草，适时灌水等措施破坏地下害虫生存条件。

2. 物理防治 黑光灯或频振式杀虫灯诱杀蛴螬成虫和蝼蛄，每 3 公顷左右安装一盏灯，诱杀成虫，减少田间虫口密度。

3. 化学防治 防治小麦地下害虫应立足播种前药剂拌种和土壤处理，部分发生严重的田块可以在春季毒饵法补治。防治指标，蝼蛄为：0.3～0.5 头/米^2；蛴螬为：3 头/米^2；金针虫为 3～5 头/米^2 或麦株被害株率 2%～3%。

（1）药剂拌种。每公顷可用 50%辛硫磷乳油 300 毫升，对水 30 千克，拌麦种 225 千克，拌后堆闷 3～5 小时播种；或用 48%毒死蜱乳油 150 毫升，对水 15 千克，拌麦种 150 千克。

（2）毒饵或毒土法。用炒香麦麸、豆饼、米糠等饵料 30 千克，50%辛硫磷乳油 375 毫升，加适量水稀释农药制作毒饵，傍晚撒于田间幼苗根际附近，每隔一定距离一小堆，每公顷225～300千克；或用50％辛硫磷3 000毫升拌细土450～600千克，耕翻时撒施。

(3)喷雾法。用50％辛硫磷乳油3 750毫升稀释1 500倍，顺麦垄喷施；或用48％毒死蜱乳油1 500毫升稀释1 500倍，顺麦垄喷施，每公顷喷药液600千克。

对于秋播地下害虫发生较重的早茬麦，宜坚持药剂拌种与毒土法、毒饵法相结合，提高整体控制效果。

第四节　主要麦田杂草及其防治

一、杂草的种类及发生特点

（一）杂草的种类

据调查，我国麦田杂草有200余种，以一年生杂草为主，有一部分二年生杂草和少数多年生杂草。其中在全国分布普遍、对麦类作物为害严重的杂草有：野燕麦、看麦娘、马唐、牛筋草、绿狗尾草、香附子、藜、酸模叶蓼、反枝苋、牛繁缕和白茅；在全国分布较为普遍，对麦类作物为害较重的杂草有19种，包括播娘蒿、猪殃殃、大巢菜、小藜、凹头苋、马齿苋、繁缕、棒头草、狗牙根、双穗雀稗、金狗尾草、小蓟、鸭跖草、扁蓄、田旋花、苣荬菜、小旋花、菥蓂、千金子、细叶千金子和芦苇；在局部地区对麦类作物为害较重的杂草有24种，其中温寒带地区有荞麦蔓、苍耳、问荆和毒麦等，热带、亚热带地区有硬草、春蓼、碎米荠等。

（二）麦田杂草的分布

北方旱作冬麦草害区：包括长城以南，秦岭、淮河以北地区。该区是我国小麦主产区，麦田主要杂草有播娘蒿、猪殃殃、野燕麦、小藜、荠菜、扁蓄、米瓦罐、荮蓂、小蓟（刺儿菜）、打碗花（小旋花）等，麦田有草面积占 74％，中等以上发生面积占 50％。该区西部从河南至陕西关中平原，野燕麦和猪殃殃发生严重，出现频率分别达 98％和 64％，为害率分别达 58％和 26％。

南方稻茬冬麦草害区：包括秦岭、淮河以南，大雪山以东地区。麦田杂草在秋、冬、春季均能萌发生长，但萌发高峰期在秋末冬初。麦田主要杂草有看麦娘、牛繁缕、繁缕、茵草、大巢菜、猪殃殃、春蓼、雀舌草、碎米荠、长芒棒头草、酸模叶蓼等。看麦娘为害面积 330 万公顷，严重为害面积 70 万公顷，牛繁缕为害面积 70 万公顷以上。

春麦草害区：包括长城以北、岷山和大雪山以西地区。麦田主要杂草有野燕麦、藜、扁蓄、猪殃殃、田旋花、苣荬菜、大蓟（大刺儿菜）、卷茎蓼、香薷、离蕊芥、芦苇、反枝苋、稗、滨藜等。田间杂草 4～5 月出苗，7～9 月开花结实，多数种子在土壤中越冬。该区耕作粗放、麦田草害严重。

（三）杂草的发生特点

冬小麦田杂草在 10 月下旬至 11 月中旬有一个出苗高峰期，出苗数占总数的 95％～98％，翌年 3 月下旬至 4 月中旬，还有少量杂草出苗。严重的草害通常来自冬前发生的杂草，密度大，单株生长量大，竞争力强，危害重，是防治的重点。冬前杂草处于幼苗期，植株小，组织幼嫩，对药剂敏感，是防治的有利时机。到翌年春天，耐药性相对增强，则用药效果相对较差。因此，麦田化学除草，应抓住冬前杂草的敏感期施药，可取得最佳除草效果，还能减少某些田间持效期过长的除草剂产生的药害。

春小麦田杂草的发生与早春气温和降水量密切相关，早春气温高，降雨多，化雪解冻早，杂草发生早而重，反之则晚而轻，杂草盛发期在 4 月中下旬，5 月上中旬为春小麦杂草化学防治适期。

(四) 麦田杂草发生规律

杂草的共同特点是种子成熟后有 90％左右能自然落地，随着耕地播入土壤，在冬麦区有 4～5 个月的越夏休眠期，期间即便给以适当的温湿度也不萌发，到秋季播种小麦时，随着麦苗逐渐萌发出苗。河南省农业科学院植物保护所对华北麦区的主要杂草野燕麦、猪殃殃、播娘蒿、大巢菜和荠菜进行了发生规律研究，结果如下：

1. 种子萌发与温度的关系　猪殃殃和播娘蒿的发育起点温度为 3℃，最适温度 8～15℃，到 20℃发芽明显减少，25℃则不能发芽。野燕麦的发育起点温度为 8℃，15～20℃为最适温度，25℃发芽明显减少，40℃则不能发芽。

2. 种子萌发与湿度的关系　土壤含水量 15％～30％为发芽适宜湿度，低于 10％则不利于发芽。小麦播种期的墒情或播种前后的降雨量是决定杂草发生量的主要因素。

3. 种子出苗与土壤覆盖深度的关系　杂草种子大小各异，顶土能力和出苗深度不同。猪殃殃在 1～5 厘米深处出苗最多，大巢菜在 3～7 厘米处出苗最多，8 厘米处出苗明显减少，野燕麦在 3～7 厘米处出苗最多，3～10 厘米能顺利出苗，超过 11 厘米出苗受抑制。播娘蒿种子较小，在 1～3 厘米内出苗最多，超过 5 厘米一般就不能出苗。

4. 小麦播种期与杂草出苗的关系　杂草种子是随农田耕翻犁耙，在土壤疏松通气良好的条件下才能萌发出苗。麦田杂草一般比小麦晚出苗 10～18 天。其中猪殃殃比小麦晚出苗 15 天，出苗高峰期在小麦播种后 20 天左右；播娘蒿比小麦晚出苗 9 天，出苗高峰期不明显，但与土壤表土墒情有关；大巢菜出苗期在麦播后 12 天左右，15～20 天为出苗盛期；荠菜在麦播后 11 天进入出苗盛期；野燕麦比小麦晚出苗 5～15 天。麦田杂草的发生量与小麦的播种期密切相关，一般情况下，小麦播种早，杂草发生量大，反之则少。

5. 杂草出苗规律 猪殃殃和大巢菜在年前（10 月中旬至 11 月下旬）有一出苗高峰期，年前出苗数占总数的 95％～98％，年后 3 月下旬至 4 月上旬还有少量出苗；野燕麦、播娘蒿和宝盖草等几乎全在年前出苗，呈现"一炮轰"现象，年后一般不再萌发出土。一般年前杂草处于幼苗期，植株小，组织幼嫩，对药剂敏感，而年后随着生长发育植株壮大，组织加强，表皮蜡质层加厚，耐药性相对增强。又由于绝大多数麦田杂草都在年前出苗，所以要改变以往麦田除草多是在春季杂草较大时施药的不良做法，抓住年前杂草小苗的敏感期施药，以取得最佳除草效果，并能减少某些残效期过长的除草剂在年后施药会对小麦或后茬作物产生药害的危险性。

二、麦田杂草的综合防治

1. 轮作倒茬 不同的作物有着不同的伴生杂草或寄生杂草，这些杂草与作物的生存环境相同或相近，采取科学的轮作倒茬，改变种植作物则改变杂草生活的外部生态环境条件，可明显减轻杂草的危害。

2. 深翻整地 通过深翻将前年散落于土表的杂草种子翻埋于土壤深层，使其不能萌发出苗，同时又可防除苣荬菜、刺儿菜、田旋花、芦苇、扁秆藨草等多年生杂草，切断其地下根茎或将根茎翻于表面暴晒使其死亡。

3. 土壤处理

（1）播种前施药。在野燕麦发生严重的地块，可在整地播种前用 40％燕麦畏乳油 175～200 毫升/亩，加水均匀喷施于地面，施药后须及时用圆片耙纵横浅耙地面，将药剂混入 10 厘米的土层内，之后播种。对看麦娘和早熟禾也有较好的控制作用。

（2）播后苗前施药。采用化学除草剂进行土壤封闭，对播后苗前的麦田可起到较明显的效果。使用的药剂有：25%绿麦隆可湿性粉剂3 000～6 000克/公顷，加水750千克，在小麦播后2天喷雾，进行地表处理，或用50%扑草净可湿性粉剂1 125～1 500克/公顷，或用50%杀草丹乳油和48%拉索乳油各1500毫升/公顷，混合后加水喷雾地面，可有效防除禾本科杂草和一些阔叶杂草。

4. 清除杂草　麦田四周的杂草是田间杂草的主要来源之一，通过风力、流水、人畜活动带入田间，或通过地下根茎向田间扩散，所以必须清除，防止扩散。

5. 茎叶处理　麦田杂草化学防除，主要是在小麦生长期施药。在禾本科杂草为主的田块，应在小麦苗期，杂草2～4叶期施药效果为好，每公顷用6.9%骠马悬浮剂750毫升，或者36%乐草灵乳油2 000～3 000毫升，或者64%燕麦枯可湿性粉1 500～1 800克，对水450～600千克，稀释均匀喷雾。

春季麦田以阔叶杂草为主时，可选用杜邦巨星、二甲四氯、麦喜、使阔得、使它隆、拌地农等进行茎叶处理。一般75%杜邦巨星干燥悬浮剂每公顷用量为13.5～21.0克，20%二甲四氯水剂用3 750毫升/公顷，5.8%麦喜悬浮剂用药量为150毫升/公顷，48%百草敌水剂用药量300～450毫升/公顷，48%苯达松水剂用药量2 000～2 500毫升/公顷，加水作茎叶处理。

对于野燕麦及其他单子叶杂草与阔叶杂草混生的麦田，可通过混用除草剂，例如，75%巨星与6.9%的骠马，二甲四氯和苯达松、百草敌、扑草净或伴地农，20%使它隆乳油与彪虎、阔世玛、麦极、异丙隆等混合使用，可扩大杀草谱，有效提高除草效果。施药时间一般在小麦返青后至拔节初期。施药时要避开大风、低温、干旱、寒潮等恶劣天气。

6. 生物防治　利用尖翅小卷蛾防治扁秆藨草等已在实践中

取得应用效果，今后应加强此种防治措施的发掘利用，尤其是对某些恶性杂草的防治将是一种经济而长效的措施。

三、麦田除草应注意的几个问题

1. 正确选择除草剂 任何一种除草剂都有一定的杀草谱，有防阔叶的，有防禾本科的，也有部分禾本科、阔叶兼防的。但一种除草剂不可能有效地防治田间所有杂草，所以除草剂选用不当，防治效果就不会很好，要弄清楚防除田块中有些什么杂草，要根据主要杂草种类选择除草剂。禾本科杂草使用异丙隆，对硬草、看麦娘、蜡烛草、早熟禾均有较好防效。同是麦田禾本科杂草苗后除草剂，骠马不能防除雀麦、早熟禾、节节麦、黑麦草等，而世玛防除以上几种杂草效果很好。麦喜、麦草畏、苯磺隆、噻磺隆、使它隆、快灭灵、苄嘧磺隆等防治阔叶杂草有效，而对禾本科杂草无效。

2. 选择最佳施药时期 土壤处理的除草剂，如乙草胺及其复配剂应在小麦播完后尽早施药，等杂草出苗后用药效果差；绿麦隆、异丙隆做土壤处理时也应播种后立即施药，墒情好，效果好。

苗期茎叶处理以田间杂草基本出齐苗时为最佳，所以提倡改春季施药为冬前化除。冬前杂草苗小，处敏感阶段，耐药性差，成本低，效果好；一般冬前天高气爽，除草适期长，易操作；冬前可选用除草剂种类多，安全间隔期长，对下茬作物安全。春季化除可作为补治手段。但百草敌、二甲四氯应在小麦分蘖期施用，四叶期之前拔节时禁用。

另外，要注意有些除草剂的药效受光照、气温、土壤墒情的影响。如二甲四氯在阳光强时药效高，故应选择晴天施药为好；含乙羧氟草醚的除草剂应在天气温暖 $10℃$ 以上用药，绿麦隆、麦草畏（商品名称百草敌）等在气温 $5℃$ 以下除草效果差；快灭灵在寒潮来临及低温天气应避免使用；异丙隆在遇到第一次寒流来临时，应暂停使用，否则易受"冻药害"；阔世玛施药后 4 天内有霜冻（最低气温小于 3℃）禁止使用。又如异丙隆、乙草胺、绿麦隆等土壤湿度大时除草效果好，若土壤过干，可在抗旱渗水后立即使用；若田中积水，应先开沟排除田中积水再用药，防止"湿药害"。

喷药后遇到下雨也是常有的事，不同的除草剂由于其理化性质与加工剂型不同，喷药后至降雨所需间隔期存在差异，喷药前应密切注意天气预报。土壤处理的除草剂施药后遇 15～20 毫米降雨，雨水会将除草剂带入 0～5 厘米深土层，即杂草萌发层，这样除草效果会更好。苗后茎叶处理除草剂应尽量避免喷后遇雨，一般情况下，精恶唑禾草灵（骠马）药后 1 小时遇雨不影响药效，苯磺隆药后 4 小时遇雨不影响药效，麦喜喷药后 6 小时遇雨不影响药效，阔世玛喷后 8 小时遇雨不影响药效。

3. 除草剂的用量及混用问题 每种除草剂都有一个适宜的用药量，在此用药量范围内，可做到少用药、节省投资，既杀死杂草，又不伤害作物，还能减少环境污染。用药量要看田间草龄和杂草种类，一般草龄小时用量少，草龄大时加大药量，敏感性杂草用量少些，抗耐药性强的杂草用量多些。如 50％异丙隆秋冬用（主要除草期）1.875 千克/公顷，杂草超过四叶期可相应增加用药量，春用（补救除草期）3.75 千克/公顷；75％苯磺隆（商品名称巨星）在麦田重点防除繁缕时，用 10.5 克/公顷防效可达 90％以上，防除其他阔叶杂草如猪殃殃则需 19.5 克/公顷效果较好。

每种除草剂都有较固定的杀草谱，同种除草剂连续使用多年，易导致敏感性杂草逐渐减少，抗耐药性杂草上升，而除草剂混用可扩大杀草谱，有的能减缓抗性产生。除草剂的混用应注意的主要问题是混用后的几种除草剂不应有拮抗作用，如果有拮抗作用而降低药效或产生药害，最好不要混用。如精恶唑禾草灵

（骠马）不可以和二甲四氯、百草敌等混用，若在施药田块需防除阔叶杂草，应与这些除草剂间隔 7 天应用。如果除草剂混用有显著增效作用的应适当降低用药量，如苯磺隆和快灭灵、二甲四氯和使它隆混用防除阔叶杂草。如果混用既无拮抗作用也无增效作用，杀草谱不同的药剂按正常用药量用药，如精噁唑禾草灵可与苯磺隆、使它隆等多种阔叶杂草除草剂按常量混用。

4. 注意长残留除草剂对后茬作物的伤害 甲磺隆、绿磺隆及其复配药剂仅限于长江流域及其以南地区酸性土壤的稻麦轮作区小麦田使用。沙质土有机质含量低，pH 高，轮作花生的小麦田，苯磺隆和噻磺隆应冬前施药，若后茬为其他阔叶作物最好保证安全间隔期 90 天。麦田用麦喜 40 天内，要避免间作十字花科蔬菜、西瓜和棉花。使用阔世玛的麦田套种下茬作物时，应在小麦起身拔节 55 天以后进行。

5. 除草剂的配制和施药技术质量 正确的配制方法是 2 次稀释法：先将药剂加少量水配成母液，再倒入盛有一定量水的喷雾器内，再加入需加的水量，并边加边搅拌，调匀稀释至需要浓度。切忌先倒入药剂后加水，这样药剂容易在喷雾器的吸水管处沉积，使先喷出的药液浓度高，容易产生药害，后喷出的药液浓度低，除草效果差。也不可将药剂一下倒入盛有大量水的喷雾器内，这样可湿性粉剂往往漂浮在水表面或结成小块，分布不均匀，不但不能保证效果而且喷雾时易阻塞喷孔。另外，药液要用清洁水配制。

据调查，很多农民用水量不足，对水仅 225～330 千克/公顷，因用水量少，喷药时走得快，造成漏喷，影响整体除草效果。一般情况下，土壤处理的除草剂喷水量要适当高些，对水 750～900 千克/公顷，茎叶处理的除草剂常规喷雾对水量可适当少些，用水量一般以 450～675 千克/公顷为宜，这样才能保证好的防治效果。

使用手压喷雾器施药时要退着走或是侧身喷药，切忌边向前走边喷药；手压喷雾器的快慢、人行走的速度、喷头高度应基本保持一致；每次喷幅宽度要一样，避免重喷、漏喷；喷药时还要注意不要飘移到邻近其他作物上；土壤处理类除草剂施药后在土壤表层形成药膜，施药 1～2 周内切勿中耕，以免破坏药层降低了除草效果。

第七章

小麦收获和安全贮藏技术

小麦适时收获和后期安全贮藏技术是小麦安全生产的最后环节。小麦收获时正值高温多雨季节，小麦收获适期很短，必须及时收获。小麦进入蜡熟末期以后，必须抓住有限的晴朗天气及早收获。由于小麦种子具有较强的吸湿性、耐热性、后熟期长和易受虫害等特点，因此，良好的贮藏条件和有针对性的贮藏技术是保证小麦种子安全的必要条件。

第一节　小麦适时收获

小麦是密植作物，收获要适时，以免造成不必要的浪费和减产。小麦适时收获的时间，既不能依据常规经验去推测，也不能按小麦的生育期估计推算，其成熟期与品种特性、气候条件、土壤湿度等因素有关，对小麦千粒重和容重有较大影响。

小麦的成熟包括蜡熟和完熟两个时期。小麦在蜡熟末期千粒重达到最大，是最适宜的收获时期。收获过早，小麦尚未充分成熟，籽粒不饱满，产量低；收获过晚则容易断穗落粒，造成损失，而且由于呼吸消耗，籽粒千粒重下降，品质变差。小麦适宜收获期的植株特征为：叶片由叶尖到叶鞘顺序变黄，茎秆节间呈金黄色，茎秆变黄，唯茎节和穗节微带绿；远离麦田观察，植株上下皆黄，中间呈一条黄绿带。籽粒表面变为黄色，可用指甲切断，断面呈蜡质状。小麦的适收期很短，农谚"麦熟一响，虎口夺粮"、"收麦如救火"等，形象地说明了小麦适时收获的重要性和紧迫性。

第二节 小麦种子的贮藏特征

小麦种子称为颖果，稃壳易于脱落，果实外部无保护物。果皮较薄，组织疏松，通透性好。空气干燥时，易释放水分；空气湿度大时，容易吸收水分。因此，小麦在暴晒时水分蒸发快，干燥效果好；反之，在湿度较高的条件下，小麦种子也易吸收水分。具体来说，小麦种子的贮藏特征主要包含以下5个方面：

1. 小麦种子具有较强的吸湿性 由于小麦种皮较薄，组织结构疏松，淀粉含量高，含有较多的亲水物质，吸湿能力较强。红皮、硬质小麦的吸湿性弱于白皮、软质小麦。因此，含水量在13%以下的麦种应采取密闭贮藏的方法及时入仓，以避免种子吸湿返潮，保持种子的活力。当小麦种的水分达13%～14%时，必须将种子的温度控制在25℃以下；当小麦种子的水分达14.0%～14.5%时，必须将种子的温度控制在20℃以下。

2. 小麦种子的耐热性较强 小麦种子的蛋白质和呼吸酶具有较高抗热性（50～53℃），因此小麦种子能忍耐较高的温度。但是种子的耐热性与含水量密切相关，一般含水量大则耐热性差；含水量小则耐热性强。水分17%时的小麦，在温度不超过46℃时进行干燥或水分在13%以下时，温度不超过54℃时，酶活性不会降低，发芽力仍然得到保持。磨成的小麦粉工艺品质不但不降低，反而有所改善，做成馒头松软膨大。

3. 小麦种子有较长的后熟期 小麦种子的后熟期比较长，种子在后期成熟过程中呼吸作用比较旺盛，容易引起"出汗"、"乱温"现象，使种子堆上层吸湿回潮，引起发热霉变。根据这一情况，小麦种子需充分后熟才能贮藏。小麦的后熟期与成熟度有关，充分成熟后收获的小麦后熟期短一些；提早收获的小麦后熟期则长一些。品种不同，后熟期长短也不同。一般小麦种子以发芽率达80％为后熟完成标志，大多数小麦后熟期从两周至两个月不等。红皮小麦因种皮厚，后熟期比白皮小麦长，可达80天以上，而北方种植的白皮小麦的后熟期有的只有10天左右。后熟期长的品种耐贮性差，更易吸湿回潮，引起种子霉变。含水量适宜的小麦，完成后熟作用之后，品质有所改善，贮藏稳定性有所提高。

4. 小麦种子的耐储性比较好　小麦种子最大的优点是具有较好的耐储性。完成后熟的小麦，呼吸作用微弱，比其他谷类粮食都低。正常的小麦，水分在标准以内（12.5％），在常温下一般贮存3～5年或低温（15℃）贮藏5～8年，其食用品质无明显变化。

5. 小麦种子易遭受虫害　小麦种子是抗虫性差、染虫率较高的粮种。除少数豆类专食性虫种外，小麦几乎能被所有的储粮害虫侵染，其中以玉米象、麦蛾等为害最严重。小麦成熟、收获、入库正是夏季，正值害虫繁育、发生阶段，入库后气温高，若遇阴雨，极易发生虫害。

第三节　小麦安全贮藏的基本条件

一、仓房条件

在小麦入库之前，要从防潮、防雨、防虫、防污染的要求出发，选择屋面不漏雨，地坪不返潮，墙体无裂缝，门窗能密闭，符合安全贮藏小麦的仓房作备仓。在备好足够仓房的同时，要进行必要的清仓和消毒工作。

1. 清仓　包括清理仓库和仓内两面。清理仓库不仅是将仓内的异品种种子、杂质、垃圾等全部清除，而且要清理仓具，剔除虫窝，修补墙面，嵌缝粉刷。仓外应经常铲除杂草，排去污水，使仓内外环境保持清洁。具体做法：仓内使用的竹席、麻袋等器具最易潜藏仓虫，必须采用剔、刮、敲、打、洗、暴晒、药剂熏蒸等方法，进行清理和消毒，彻底清除仓具内嵌着的残留种子和潜匿害虫。对仓内的梁柱、仓壁、地板必须进行全面检查和剔刮，剔刮出来的种子应予清理，虫尸及时焚毁，以防感染。对仓内不论大小缝隙，都应该用纸筋石灰嵌缝。小麦种子入仓之前对仓壁进行全面粉刷，不仅能起到整洁美观作用，还有利于在洁白的墙壁上发现虫迹。

2. 消毒　不论旧仓或新建仓，都应该做好消毒工作，方法有喷洒和熏蒸两种。消毒必须在补修墙面和嵌缝粉刷之前进行，特别要在全面粉刷之前完成。因为新粉刷的石灰在没干燥之前碱性很强，容易使药物分解失效。空仓消毒可用敌百虫或敌敌畏等药剂处理。用敌百虫消毒，可将敌百虫精粉稀释至 $0.5\%\sim1.0\%$，充分搅拌后，用喷雾器均匀喷布，用药量为 30 克/米^2；或用 1% 的敌百虫水溶液浸渍锯木屑，晒干后制成烟剂进行烟熏杀虫；或用 80% 的敌敌畏乳油 1～2 克对水 1 千克配成 $0.1\%\sim0.2\%$ 的稀释液喷雾；或将在 80% 敌敌畏乳油中浸过的宽布条挂在仓房中，行距 2 米、条距 2～3 米，任其自行挥发杀虫。施药后门窗必须密闭 72 小时以达到杀虫目的。消毒后需通风 24 小时，种子才能进仓，以保障人身安全。

二、设施条件

在粮食贮藏之前，应对以下工具、器材、设备进行校正、维修、购置。

（1）物理检验仪器校正、维修。

（2）计量设备的校正、维修。

（3）"三防设施"的配备要齐全，有效。

（4）存气箱、地上笼、风机的整理、检修、试运转。

（5）微机测温系统调试或者其他测温工具的准备。

（6）密封所用薄膜的购置及准备。

三、品质条件

小麦品质是安全贮藏的关键和前提，是粮食安全保管的内在因素。在小麦贮藏中要严把质量关，小麦入库的质量标准原则上应控制在以下标准之内：水分在 13％以下；容重在 750 克/升以上；杂质在 1.5％之内；不完善粒在 6％以下；其他质量指标以国标规定的中等标准为准。不符合以上标准的小麦一律要经过整晒、清理、除杂等措施，经化验合格后方可入库。

第四节　小麦种子安全贮藏技术

小麦适时安全收获后，如何安全贮藏，保证种子的再生产能力或食用品质是重要的后续环节。由于小麦种子具有较强的吸湿性、耐热性、后熟期长和易受虫害等特点。因此，采用针对性贮藏技术是保证小麦种子安全的必要条件。

一、小麦种子安全贮藏技术

1. 高温密闭　小麦经过高温日晒，可同时取得干燥降水、促进后熟和杀灭害虫的良好效果。利用夏季高温暴晒小麦，将麦温晒到 50℃左右，延续 2 小时以上，水分降到 13％以下，下午 15 时左右趁热入仓，密闭保管。使粮温保持 40℃以上，持续 10 天左右，可以有效地杀死害虫。需要注意的是热入仓密闭保管小麦使用的仓房、器材、工具和压盖物均须事先彻底消毒，充分干燥，做到粮热、仓热、工具和器材热，否则有结露现象的发生。所以，在热密闭期间还须加强粮情检查。高温密闭的优点是杀虫效果好，能促进小麦后熟作用的完成，增强储粮稳定性。

2. 低温冷冻密闭　低温是粮食保管最理想的状态，小麦虽然耐高温，但对长年保管来讲，保持一定的低温，对延长种子寿命与品质，提高小麦保管的稳定性，延缓小麦的陈化，则有更多的优越性，各单位应趁三九严寒的冬季，利用机械通风技术或进行翻仓、除杂、摊凉、冷冻，把麦温降至 0℃左右，而后趁冷进仓，密闭压盖，进行冷密闭，这对消灭越冬害虫，有极好效果，并可延缓外界高温的影响。实践表明，在过夏时，粮堆中层粮温保持在 25℃左右，下层粮温保持在 20℃左右，可多年保持小麦的优良品质。

热密闭与冷密闭交替应用，是储量较少的粮库保管小麦的好方法，一般可以做到不变质、不生虫。对储量较大的粮库，全部做到热密闭和冷密闭，可能在条件上有时受到限制，但只要抓住冬季通风降温，防止结露，春暖前适当密闭防止吸湿，以及加强检查，做好虫害防治等三项工作，一般都可常年安全保管。

3. 防治杀虫　为害小麦的主要害虫是麦蛾、玉米象、谷蠹、大谷盗、赤拟谷盗等。小麦收购季节气温较高，储粮害虫生长、繁殖很快，各收购单位要边收购边防治，收购廒间不易铺得太多，收购成功一个廒间就要整理、密闭、套封一个廒间，利用高温密闭、后熟缺氧，低药量熏蒸，有效地灭杀储粮害虫。

热密闭与冷密闭都是防治小麦害虫的有效方法，如在缺乏这种条件的地方，应抓紧药剂防治。对出现的麦蛾成虫或发现有玉米象、谷蠹、大谷盗、赤拟谷盗等，不管密度大小，应立即用药剂熏蒸扑灭，防止后患。

在小麦入库接近尾声时，要把工作重点放到小麦保管工作上，原则上在 7 月底之前，对所有库存小麦要进行清消、密闭、套封、熏蒸，彻底进行防治。常规保管的小麦仓使用磷化铝投药量为 15 克/吨左右。熏蒸前，要仔细检查气密性，熏蒸过程中，要安排专人值班，熏蒸后，要检测熏蒸效果，防止熏蒸效果不

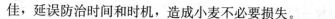

佳，延误防治时间和时机，造成小麦不必要损失。

4. 通风降温　通风是用外部空气置换粮堆内的空气，以改善储粮条件的换气技术。通风有自然通风和机械通风两种。夏季高温入库的小麦在季节转换时，由于粮温较高，气温偏低，加上后熟期作用，小麦呼吸旺盛，容易产生"出汗"现象，粮堆表层小麦容易结露，使粮堆上层温度上升，水分增高，如不及时降温，会产生发热霉变，严重的发生"结顶"现象。因此，在季节转换时期，要加强仓间管理，利用有利时机适时开启门窗，经常翻动粮面或开沟，抓紧时间通风，降低粮温，确保储粮安全。

对常规保管中自然通风来讲，因为不消耗能源，为获得更多的通风机会，在天气干燥的情况下，一般仅要求气温低于粮温即可通风。

对机械通风而言，允许降温通风的条件是：平均粮温与气温差应大于等于8℃和即时粮温下的粮堆平衡绝对湿度大于或等于大气绝对湿度。结束降温通风的条件是：平均粮温与气温温差应小于或等于4℃；粮堆温度梯度小于等于1℃/米粮层厚度；粮堆水分梯度小于等于0.3℃/米粮层厚度。

二、小麦贮存期间的安全检查

粮食在保管期间，由于本身的新陈代谢，虫、霉、菌的危害，加之于环境变化的影响，粮堆生态系统会发生一系列的变化。粮情检查主要范围为：粮食水分、粮食温度、虫害情况、粮堆季节转换时期是否结露等。

（一）温度、湿度检查

利用仓内安装的粮温测定工具，对储粮粮温、湿度进行定期巡测。巡测的内容包括粮温、仓温、气温、仓内外大气的相对湿度。

粮温检查层点的确定，要考虑有代表性，一般分为上、中、下3层，每层的深度视粮堆的高度和桩形而定。每层设点数量，视粮堆大小而定，一般掌握散装粮面不满100米^{2}的，3处分布设点，即3层9点；超过100米^{2}的5处分布设点，即3层15点（常讲的3层5处15点）。

若粮情稳定、安全，在低温季节，3～5天巡测一次；若粮情不稳定，在高温季节，新仓储粮，每天必须巡测一次；若粮温升得过快，测温点不稳定或有的测量值有疑问，先对测温工具进行校止，更应到现场检测，必要时要翻动粮面，进行目测，"观其形，闻其味"，将异常情况消灭在萌芽状态。

（二）水分检查

根据仓库的面积和高度参照测温点的布置按垂直距离3米分层随机取样每层扦取一份混合样品每份样品不少于1千克。取样层还应包括距粮面和仓底各5～30厘米的粮层，并分别在仓库的向阳面、背阴面距仓壁5～30厘米及中心部位设点，共6个点取样，每份样品不少于1千克。

水分测定，低温季节3个月检测一次，高温季节每月检测一次；对粮情有变化和异常的点，要随时取样检测，认真查明原因，防止霉变的发生。

（三）虫害检查

取样采取定点与易发生害虫部位相结合的办法。粮面面积在100米^{2}以内的，设5个取样点；粮面面积在100～500米^{2}的，设10个取样点；在500米^{2}以上的，设15个取样点。堆高2米以下的，一般粮面取样，堆高2米以上的设两层取样。在高温季节，应在北面背阴处上层取样，在低温季节，应在南面朝阳处中、下层取样。每点取样不少于1千克。

害虫检查取样与水分取样不一样，它不是混合样，而是在每

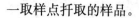

一取样点扦取的样品。

害虫密度的计算是以所取样品中最高一点的害虫数量代表整仓的害虫密度。

根据害虫在不同温度下生长发育情况。可将害虫的检查期定为：粮温在15℃以下，每3个月检查一次；粮温在15～20℃时，每月检查一次；粮温在20～25℃时，每15天检查一次；粮温在25℃以上时，每7天检查一次。

（四）品质检查

粮食品质的检测，应按储备粮品质控制指标规定的项目和要求，每年检测两次，原则时间安排在每年4月、10月各检测一次，对"不宜存"小麦，应及时销售和轮换，对"陈化"小麦要及时上报处理。

附　录

附录一　中华人民共和国农产品质量安全法

（2006 年 4 月 29 日第十届全国人民代表大会
常务委员会第二十一次会议通过）

第一章　总　　则

第一条　为保障农产品质量安全，维护公众健康，促进农业和农村经济发展，制定本法。

第二条　本法所称农产品，是指来源于农业的初级产品，即在农业活动中获得的植物、动物、微生物及其产品。

本法所称农产品质量安全，是指农产品质量符合保障人的健康、安全的要求。

第三条　县级以上人民政府农业行政主管部门负责农产品质量安全的监督管理工作；县级以上人民政府有关部门按照职责分工，负责农产品质量安全的有关工作。

第四条　县级以上人民政府应当将农产品质量安全管理工作纳入本级国民经济和社会发展规划，并安排农产品质量安全经费，用于开展农产品质量安全工作。

第五条　县级以上地方人民政府统一领导、协调本行政区域内的农产品质量安全工作，并采取措施，建立健全农产品质量安全服务体系，提高农产品质量安全水平。

第六条　国务院农业行政主管部门应当设立由有关方面专家组成的农产品质量安全风险评估专家委员会，对可能影响农产品质量安全的潜在危害进行风险分析和评估。

国务院农业行政主管部门应当根据农产品质量安全风险评估结果采取相应的管理措施，并将农产品质量安全风险评估结果及时通报国务院有关部门。

第七条　国务院农业行政主管部门和省、自治区、直辖市人民政府农业行政主管部门应当按照职责权限，发布有关农产品质量安全状况信息。

第八条　国家引导、推广农产品标准化生产，鼓励和支持生产优质农产品，禁止生产、销售不符合国家规定的农产品质量安全标准的农产品。

第九条　国家支持农产品质量安全科学技术研究，推行科学的质量安全管理方法，推广先进安全的生产技术。

第十条　各级人民政府及有关部门应当加强农产品质量安全知识的宣传，提高公众的农产品质量安全意识，引导农产品生产者、销售者加强质量安全管理，保障农产品消费安全。

第二章　农产品质量安全标准

第十一条　国家建立健全农产品质量安全标准体系。农产品质量安全标准是强制性的技术规范。

农产品质量安全标准的制定和发布，依照有关法律、行政法规的规定执行。

第十二条　制定农产品质量安全标准应当充分考虑农产品质量安全风险评估结果，并听取农产品生产者、销售者和消费者的意见，保障消费安全。

第十三条　农产品质量安全标准应当根据科学技术发展水平以及农产品质量安全的需要，及时修订。

第十四条　农产品质量安全标准由农业行政主管部门商有关部门组织实施。

第三章　农产品产地

第十五条　县级以上地方人民政府农业行政主管部门按照保障农产品质量安全的要求，根据农产品品种特性和生产区域大气、土壤、水体中有毒有害物质状况等因素，认为不适宜特定农产品生产的，提出禁止生产的区域，报本级人民政府批准后公布。具体办法由国务院农业行政主管部门商国务院环境保护行政主管部门制定。

农产品禁止生产区域的调整，依照前款规定的程序办理。

第十六条　县级以上人民政府应当采取措施，加强农产品基地建设，改善农产品的生产条件。

县级以上人民政府农业行政主管部门应当采取措施，推进保障农产品质量安全的标准化生产综合示范区、示范农场、养殖小区和无规定动植物疫病区的建设。

第十七条　禁止在有毒有害物质超过规定标准的区域生产、捕捞、采集食用农产品和建立农产品生产基地。

第十八条　禁止违反法律、法规的规定向农产品产地排放或者倾倒废水、废气、固体废物或者其他有毒有害物质。

农业生产用水和用作肥料的固体废物，应当符合国家规定的标准。

第十九条　农产品生产者应当合理使用化肥、农药、兽药、农用薄膜等化工产品，防止对农产品产地造成污染。

第四章　农产品生产

第二十条　国务院农业行政主管部门和省、自治区、直辖市人民政府农业行政主管部门应当制定保障农产品质量安全的生产技术要求和操作规程。县级以上人民政府农业行政主管部门应当加强对农产品生产的指导。

第二十一条　对可能影响农产品质量安全的农药、兽药、饲料和饲料添加剂、肥料、兽医器械，依照有关法律、行政法规的规定实行许可制度。

国务院农业行政主管部门和省、自治区、直辖市人民政府农业行政主管部门应当定期对可能危及农产品质量安全的农药、兽药、饲料和饲料添加剂、肥料等农业投入品进行监督抽查，并公布抽查结果。

第二十二条　县级以上人民政府农业行政主管部门应当加强对农业投入品使用的管理和指导，建立健全农业投入品的安全使用制度。

第二十三条　农业科研教育机构和农业技术推广机构应当加强对农产品生产者质量安全知识和技能的培训。

第二十四条　农产品生产企业和农民专业合作经济组织应当建立农产品生产记录，如实记载下列事项：

（一）使用农业投入品的名称、来源、用法、用量和使用、停用的日期；

（二）动物疫病、植物病虫草害的发生和防治情况；

（三）收获、屠宰或者捕捞的日期。

农产品生产记录应当保存两年。禁止伪造农产品生产记录。

国家鼓励其他农产品生产者建立农产品生产记录。

第二十五条　农产品生产者应当按照法律、行政法规和国务院农业行政主管部门的规定，合理使用农业投入品，严格执行农业投入品使用安全间隔期或者休药期的规定，防止危及农产品质量安全。

禁止在农产品生产过程中使用国家明令禁止使用的农业投入品。

第二十六条　农产品生产企业和农民专业合作经济组织，应当自行或者委托检测机构对农产品质量安全状况进行检测；经检测不符合农产品质量安全标准的农产品，不得销售。

第二十七条　农民专业合作经济组织和农产品行业协会对其

成员应当及时提供生产技术服务，建立农产品质量安全管理制度，健全农产品质量安全控制体系，加强自律管理。

第五章 农产品包装和标识

第二十八条 农产品生产企业、农民专业合作经济组织以及从事农产品收购的单位或者个人销售的农产品，按照规定应当包装或者附加标识的，须经包装或者附加标识后方可销售。包装物或者标识上应当按照规定标明产品的品名、产地、生产者、生产日期、保质期、产品质量等级等内容；使用添加剂的，还应当按照规定标明添加剂的名称。具体办法由国务院农业行政主管部门制定。

第二十九条 农产品在包装、保鲜、贮存、运输中所使用的保鲜剂、防腐剂、添加剂等材料，应当符合国家有关强制性的技术规范。

第三十条 属于农业转基因生物的农产品，应当按照农业转基因生物安全管理的有关规定进行标识。

第三十一条 依法需要实施检疫的动植物及其产品，应当附具检疫合格标志、检疫合格证明。

第三十二条 销售的农产品必须符合农产品质量安全标准，生产者可以申请使用无公害农产品标志。农产品质量符合国家规定的有关优质农产品标准的，生产者可以申请使用相应的农产品质量标志。

禁止冒用前款规定的农产品质量标志。

第六章 监督检查

第三十三条 有下列情形之一的农产品，不得销售：

（一）含有国家禁止使用的农药、兽药或者其他化学物质的；

（二）农药、兽药等化学物质残留或者含有的重金属等有毒有害物质不符合农产品质量安全标准的；

（三）含有的致病性寄生虫、微生物或者生物毒素不符合农产品质量安全标准的；

（四）使用的保鲜剂、防腐剂、添加剂等材料不符合国家有关强制性的技术规范的；

（五）其他不符合农产品质量安全标准的。

第三十四条　国家建立农产品质量安全监测制度。县级以上人民政府农业行政主管部门应当按照保障农产品质量安全的要求，制定并组织实施农产品质量安全监测计划，对生产中或者市场上销售的农产品进行监督抽查。监督抽查结果由国务院农业行政主管部门或者省、自治区、直辖市人民政府农业行政主管部门按照权限予以公布。

监督抽查检测应当委托符合本法第三十五条规定条件的农产品质量安全检测机构进行，不得向被抽查人收取费用，抽取的样品不得超过国务院农业行政主管部门规定的数量。上级农业行政主管部门监督抽查的农产品，下级农业行政主管部门不得另行重复抽查。

第三十五条　农产品质量安全检测应当充分利用现有的符合条件的检测机构。

从事农产品质量安全检测的机构，必须具备相应的检测条件和能力，由省级以上人民政府农业行政主管部门或者其授权的部门考核合格。具体办法由国务院农业行政主管部门制定。

农产品质量安全检测机构应当依法经计量认证合格。

第三十六条　农产品生产者、销售者对监督抽查检测结果有异议的，可以自收到检测结果之日起五日内，向组织实施农产品质量安全监督抽查的农业行政主管部门或者其上级农业行政主管部门申请复检。

采用国务院农业行政主管部门会同有关部门认定的快速检测方法进行农产品质量安全监督抽查检测，被抽查人对检测结果有异议的，可以自收到检测结果时起四小时内申请复检。复检不得采用快速检测方法。

因检测结果错误给当事人造成损害的，依法承担赔偿责任。

第三十七条 农产品批发市场应当设立或者委托农产品质量安全检测机构，对进场销售的农产品质量安全状况进行抽查检测；发现不符合农产品质量安全标准的，应当要求销售者立即停止销售，并向农业行政主管部门报告。

农产品销售企业对其销售的农产品，应当建立健全进货检验收制度；经查验不符合农产品质量安全标准的，不得销售。

第三十八条 国家鼓励单位和个人对农产品质量安全进行社会监督。任何单位和个人都有权对违反本法的行为进行检举、揭发和控告。有关部门收到相关的检举、揭发和控告后，应当及时处理。

第三十九条 县级以上人民政府农业行政主管部门在农产品质量安全监督检查中，可以对生产、销售的农产品进行现场检查，调查了解农产品质量安全的有关情况，查阅、复制与农产品质量安全有关的记录和其他资料；对经检测不符合农产品质量安全标准的农产品，有权查封、扣押。

第四十条 发生农产品质量安全事故时，有关单位和个人应当采取控制措施，及时向所在地乡级人民政府和县级人民政府农业行政主管部门报告；收到报告的机关应当及时处理并报上一级人民政府和有关部门。发生重大农产品质量安全事故时，农业行政主管部门应当及时通报同级食品药品监督管理部门。

第四十一条 县级以上人民政府农业行政主管部门在农产品质量安全监督管理中，发现有本法第三十三条所列情形之一的农产品，应当按照农产品质量安全责任追究制度的要求，查明责任人，依法予以处理或者提出处理建议。

第四十二条 进口的农产品必须按照国家规定的农产品质量安全标准进行检验；尚未制定有关农产品质量安全标准的，应当依法及时制定，未制定之前，可以参照国家有关部门指定的国外有关标准进行检验。

第七章　法律责任

第四十三条　农产品质量安全监督管理人员不依法履行监督职责，或者滥用职权的，依法给予行政处分。

第四十四条　农产品质量安全检测机构伪造检测结果的，责令改正，没收违法所得，并处五万元以上十万元以下罚款，对直接负责的主管人员和其他直接责任人员处一万元以上五万元以下罚款；情节严重的，撤销其检测资格；造成损害的，依法承担赔偿责任。农产品质量安全检测机构出具检测结果不实，造成损害的，依法承担赔偿责任；造成重大损害的，并撤销其检测资格。

第四十五条　违反法律、法规规定，向农产品产地排放或者倾倒废水、废气、固体废物或者其他有毒有害物质的，依照有关环境保护法律、法规的规定处罚；造成损害的，依法承担赔偿责任。

第四十六条　使用农业投入品违反法律、行政法规和国务院农业行政主管部门的规定的，依照有关法律、行政法规的规定处罚。

第四十七条　农产品生产企业、农民专业合作经济组织未建立或者未按照规定保存农产品生产记录的，或者伪造农产品生产记录的，责令限期改正；逾期不改正的，可以处二千元以下罚款。

第四十八条　违反本法第二十八条规定，销售的农产品未按照规定进行包装、标识的，责令限期改正；逾期不改正的，可以处二千元以下罚款。

第四十九条　有本法第三十三条第四项规定情形，使用的保鲜剂、防腐剂、添加剂等材料不符合国家有关强制性的技术规范的，责令停止销售，对被污染的农产品进行无害化处理，对不能进行无害化处理的予以监督销毁；没收违法所得，并处二千元以上二万元以下罚款。

第五十条　农产品生产企业、农民专业合作经济组织销售的农产品有本法第三十三条第一项至第三项或者第五项所列情形之一的，责令停止销售，追回已经销售的农产品，对违法销售的农产品进行无害化处理或者予以监督销毁；没收违法所得，并处二千元以上二万元以下罚款。

农产品销售企业销售的农产品有前款所列情形的，依照前款规定处理、处罚。

农产品批发市场中销售的农产品有第一款所列情形的，对违法销售的农产品依照第一款规定处理，对农产品销售者依照第一款规定处罚。

农产品批发市场违反本法第三十七条第一款规定的，责令改正，处二千元以上二万元以下罚款。

第五十一条 违反本法第三十二条规定，冒用农产品质量标志的，责令改正，没收违法所得，并处二千元以上二万元以下罚款。

第五十二条 本法第四十四条、第四十七条至第四十九条、第五十条第一款、第四款和第五十一条规定的处理、处罚，由县级以上人民政府农业行政主管部门决定；第五十条第二款、第三款规定的处理、处罚，由工商行政管理部门决定。

法律对行政处罚及处罚机关有其他规定的，从其规定。但是，对同一违法行为不得重复处罚。

第五十三条 违反本法规定，构成犯罪的，依法追究刑事责任。

第五十四条 生产、销售本法第三十三条所列农产品，给消费者造成损害的，依法承担赔偿责任。

农产品批发市场中销售的农产品有前款规定情形的，消费者可以向农产品批发市场要求赔偿；属于生产者、销售者责任的，农产品批发市场有权追偿。消费者也可以直接向农产品生产者、销售者要求赔偿。

第八章 附 则

第五十五条 生猪屠宰的管理按照国家有关规定执行。

第五十六条 本法自 2006 年 11 月 1 日起施行。

附录二　无公害农产品管理办法

（2003 年 4 月 29 日农业部、国家质量监督检验
检疫总局令第 12 号）

第一章　总　　则

第一条　为加强对无公害农产品的管理，维护消费者权益，提高农产品质量，保护农业生态环境，促进农业可持续发展，制定本办法。

第二条　本办法所称无公害农产品，是指产地环境、生产过程和产品质量符合国家有关标准和规范的要求，经认证合格获得认证证书并允许使用无公害农产品标志的未经加工或者初加工的食用农产品。

第三条　无公害农产品管理工作，由政府推动，并实行产地认定和产品认证的工作模式。

第四条　在中华人民共和国境内从事无公害农产品生产、产地认定、产品认证和监督管理等活动，适用本办法。

第五条　全国无公害农产品的管理及质量监督工作，由农业部门、国家质量监督检验检疫部门和国家认证认可监督管理委员会按照"三定"方案赋予的职责和国务院的有关规定，分工负责，共同做好工作。

第六条　各级农业行政主管部门和质量监督检验检疫部门应当在政策、资金、技术等方面扶持无公害农产品的发展，组织无公害农产品新技术的研究、开发和推广。

第七条　国家鼓励生产单位和个人申请无公害农产品产地认定和产品认证。

实施无公害农产品认证的产品范围由农业部、国家认证认可监督管理委员会共同确定、调整。

第八条 国家适时推行强制性无公害农产品认证制度。

第二章　产地条件与生产管理

第九条 无公害农产品产地应当符合下列条件：

（一）产地环境符合无公害农产品产地环境的标准要求；

（二）区域范围明确；

（三）具备一定的生产规模。

第十条 无公害农产品的生产管理应当符合下列条件：

（一）生产过程符合无公害农产品生产技术的标准要求；

（二）有相应的专业技术和管理人员；

（三）有完善的质量控制措施，并有完整的生产和销售记录档案。

第十一条 从事无公害农产品生产的单位或者个人，应当严格按规定使用农业投入品。禁止使用国家禁用、淘汰的农业投入品。

第十二条 无公害农产品产地应当树立标示牌，标明范围、产品品种、责任人。

第三章　产地认定

第十三条 省级农业行政主管部门根据本办法的规定负责组织实施本辖区内无公害农产品产地的认定工作。

第十四条 申请无公害农产品产地认定的单位或者个人（以下简称申请人），应当向县级农业行政主管部门提交书面申请，书面申请应当包括以下内容：

（一）申请人的姓名（名称）、地址、电话号码；

（二）产地的区域范围、生产规模；

（三）无公害农产品生产计划；

（四）产地环境说明；

（五）无公害农产品质量控制措施；

（六）有关专业技术和管理人员的资质证明材料；

（七）保证执行无公害农产品标准和规范的声明；

（八）其他有关材料。

第十五条　县级农业行政主管部门自收到申请之日起，在10个工作日内完成对申请材料的初审工作。

申请材料初审不符合要求的，应当书面通知申请人。

第十六条　申请材料初审符合要求的，县级农业行政主管部门应当逐级将推荐意见和有关材料上报省级农业行政主管部门。

第十七条　省级农业行政主管部门自收到推荐意见和有关材料之日起，在10个工作日内完成对有关材料的审核工作，符合要求的，组织有关人员对产地环境、区域范围、生产规模、质量控制措施、生产计划等进行现场检查。

现场检查不符合要求的，应当书面通知申请人。

第十八条　现场检查符合要求的，应当通知申请人委托具有资质资格的检测机构，对产地环境进行检测。

承担产地环境检测任务的机构，根据检测结果出具产地环境检测报告。

第十九条　省级农业行政主管部门对材料审核、现场检查和产地环境检测结果符合要求的，应当自收到现场检查报告和产地环境检测报告之日起，30个工作日内颁发无公害农产品产地认定证书，并报农业部和国家认证认可监督管理委员会备案。

不符合要求的，应当书面通知申请人。

第二十条　无公害农产品产地认定证书有效期为3年。期满需要继续使用的，应当在有效期满90日前按照本办法规定的无公害农产品产地认定程序，重新办理。

第四章　无公害农产品认证

第二十一条　无公害农产品的认证机构，由国家认证认可监督管理委员会审批，并获得国家认证认可监督管理委员会授权的认可机构的资格认可后，方可从事无公害农产品认证活动。

第二十二条 申请无公害产品认证的单位或者个人（以下简称申请人），应当向认证机构提交书面申请，书面申请应当包括以下内容：

（一）申请人的姓名（名称）、地址、电话号码；

（二）产品品种、产地的区域范围和生产规模；

（三）无公害农产品生产计划；

（四）产地环境说明；

（五）无公害农产品质量控制措施；

（六）有关专业技术和管理人员的资质证明材料；

（七）保证执行无公害农产品标准和规范的声明；

（八）无公害农产品产地认定证书；

（九）生产过程记录档案；

（十）认证机构要求提交的其他材料。

第二十三条 认证机构自收到无公害农产品认证申请之日起，应当在15个工作日内完成对申请材料的审核。

材料审核不符合要求的，应当书面通知申请人。

第二十四条 符合要求的，认证机构可以根据需要派员对产地环境、区域范围、生产规模、质量控制措施、生产计划、标准和规范的执行情况等进行现场检查。

现场检查不符合要求的，应当书面通知申请人。

第二十五条 材料审核符合要求的、或者材料审核和现场检查符合要求的（限于需要对现场进行检查时），认证机构应当通知申请人委托具有资质资格的检测机构对产品进行检测。

承担产品检测任务的机构，根据检测结果出具产品检测报告。

第二十六条 认证机构对材料审核、现场检查（限于需要对现场进行检查时）和产品检测结果符合要求的，应当在自收到现场检查报告和产品检测报告之日起，30 个工作日内颁发无公害农产品认证证书。

不符合要求的，应当书面通知申请人。

第二十七条　认证机构应当自颁发无公害农产品认证证书后30 个工作日内，将其颁发的认证证书副本同时报农业部和国家认证认可监督管理委员会备案，由农业部和国家认证认可监督管理委员会公告。

第二十八条　无公害农产品认证证书有效期为 3 年。期满需要继续使用的，应当在有效期满 90 日前按照本办法规定的无公害农产品认证程序，重新办理。

在有效期内生产无公害农产品认证证书以外的产品品种的，应当向原无公害农产品认证机构办理认证证书的变更手续。

第二十九条　无公害农产品产地认定证书、产品认证证书格式由农业部、国家认证认可监督管理委员会规定。

第五章　标志管理

第三十条　农业部和国家认证认可监督管理委员会制定并发布《无公害农产品标志管理办法》。

第三十一条　无公害农产品标志应当在认证的品种、数量等范围内使用。

第三十二条　获得无公害农产品认证证书的单位或者个人，可以在证书规定的产品、包装、标签、广告、说明书上使用无公害农产品标志。

第六章　监督管理

第三十三条　农业部、国家质量监督检验检疫总局、国家认证认可监督管理委员会和国务院有关部门根据职责分工依法组织对无公害农产品的生产、销售和无公害农产品标志使用等活动进行监督管理。

（一）查阅或者要求生产者、销售者提供有关材料；

（二）对无公害农产品产地认定工作进行监督；

（三）对无公害农产品认证机构的认证工作进行监督；

（四）对无公害农产品的检测机构的检测工作进行检查；

（五）对使用无公害农产品标志的产品进行检查、检验和鉴定；

（六）必要时对无公害农产品经营场所进行检查。

第三十四条 认证机构对获得认证的产品进行跟踪检查，受理有关的投诉、申诉工作。

第三十五条 任何单位和个人不得伪造、冒用、转让、买卖无公害农产品产地认定证书、产品认证证书和标志。

第七章 罚 则

第三十六条 获得无公害农产品产地认定证书的单位或者个人违反本办法，有下列情形之一的，由省级农业行政主管部门予以警告，并责令限期改正；逾期未改正的，撤销其无公害农产品产地认定证书：

（一）无公害农产品产地被污染或者产地环境达不到标准要求的；

（二）无公害农产品产地使用的农业投入品不符合无公害农产品相关标准要求的；

（三）擅自扩大无公害农产品产地范围的。

第三十七条 违反本办法第三十五条规定的，由县级以上农业行政主管部门和各地质量监督检验检疫部门根据各自的职责分工责令其停止，并可处以违法所得1倍以上3倍以下的罚款，但最高罚款不得超过3万元；没有违法所得的，可以处1万元以下的罚款。

第三十八条 获得无公害农产品认证并加贴标志的产品，经检查、检测、鉴定，不符合无公害农产品质量标准要求的，由县级以上农业行政主管部门或者各地质量监督检验检疫部门责令停止使用无公害农产品标志，由认证机构暂停或者撤销认证证书。

第三十九条　从事无公害农产品管理的工作人员滥用职权、徇私舞弊、玩忽职守的，由所在单位或者所在单位的上级行政主管部门给予行政处分；构成犯罪的，依法追究刑事责任。

第八章　附　　则

第四十条　从事无公害农产品的产地认定的部门和产品认证的机构不得收取费用。

检测机构的检测、无公害农产品标志按国家规定收取费用。

第四十一条　本办法由农业部、国家质量监督检验检疫总局和国家认证认可监督管理委员会负责解释。

第四十二条　本办法自发布之日起施行。

附录三　农产品包装和标识管理办法

（中华人民共和国农业部令第 70 号）

第一章　总　　则

第一条　为规范农产品生产经营行为，加强农产品包装和标识管理，建立健全农产品可追溯制度，保障农产品质量安全，依据《中华人民共和国农产品质量安全法》，制定本办法。

第二条　农产品的包装和标识活动应当符合本办法规定。

第三条　农业部负责全国农产品包装和标识的监督管理工作。

县级以上地方人民政府农业行政主管部门负责本行政区域内农产品包装和标识的监督管理工作。

第四条 国家支持农产品包装和标识科学研究，推行科学的包装方法，推广先进的标识技术。

第五条 县级以上人民政府农业行政主管部门应当将农产品包装和标识管理经费纳入年度预算。

第六条 县级以上人民政府农业行政主管部门对在农产品包装和标识工作中作出突出贡献的单位和个人，予以表彰和奖励。

第二章 农产品包装

第七条 农产品生产企业、农民专业合作经济组织以及从事农产品收购的单位或者个人，用于销售的下列农产品必须包装：

（一）获得无公害农产品、绿色食品、有机农产品等认证的农产品，但鲜活畜、禽、水产品除外。

（二）省级以上人民政府农业行政主管部门规定的其他需要包装销售的农产品。

符合规定包装的农产品拆包后直接向消费者销售的，可以不再另行包装。

第八条 农产品包装应当符合农产品储藏、运输、销售及保障安全的要求，便于拆卸和搬运。

第九条 包装农产品的材料和使用的保鲜剂、防腐剂、添加剂等物质必须符合国家强制性技术规范要求。

包装农产品应当防止机械损伤和二次污染。

第三章 农产品标识

第十条 农产品生产企业、农民专业合作经济组织以及从事农产品收购的单位或者个人包装销售的农产品，应当在包装物上标注或者附加标识标明品名、产地、生产者或者销售者名称、生产日期。

有分级标准或者使用添加剂的，还应当标明产品质量等级或者添加剂名称。

未包装的农产品，应当采取附加标签、标识牌、标识带、说明书等形式标明农产品的品名、生产地、生产者或者销售者名称等内容。

第十一条　农产品标识所用文字应当使用规范的中文。标识标注的内容应当准确、清晰、显著。

第十二条　销售获得无公害农产品、绿色食品、有机农产品等质量标志使用权的农产品，应当标注相应标志和发证机构。

禁止冒用无公害农产品、绿色食品、有机农产品等质量标志。

第十三条　畜禽及其产品、属于农业转基因生物的农产品，还应当按照有关规定进行标识。

第四章　监督检查

第十四条　农产品生产企业、农民专业合作经济组织以及从事农产品收购的单位或者个人，应当对其销售农产品的包装质量和标识内容负责。

第十五条　县级以上人民政府农业行政主管部门依照《中华人民共和国农产品质量安全法》对农产品包装和标识进行监督检查。

第十六条　有下列情形之一的，由县级以上人民政府农业行政主管部门按照《中华人民共和国农产品质量安全法》第四十八条、四十九条、五十一条、五十二条的规定处理、处罚：

（一）使用的农产品包装材料不符合强制性技术规范要求的；

（二）农产品包装过程中使用的保鲜剂、防腐剂、添加剂等材料不符合强制性技术规范要求的；

（三）应当包装的农产品未经包装销售的；

（四）冒用无公害农产品、绿色食品等质量标志的；

（五）农产品未按照规定标识的。

第五章 附 则

第十七条 本办法下列用语的含义：

（一）农产品包装：是指对农产品实施装箱、装盒、装袋、包裹、捆扎等。

（二）保鲜剂：是指保持农产品新鲜品质，减少流通损失，延长贮存时间的人工合成化学物质或者天然物质。

（三）防腐剂：是指防止农产品腐烂变质的人工合成化学物质或者天然物质。

（四）添加剂：是指为改善农产品品质和色、香、味以及加工性能加入的人工合成化学物质或者天然物质。

（五）生产日期：植物产品是指收获日期；畜禽产品是指屠宰或者产出日期；水产品是指起捕日期；其他产品是指包装或者销售时的日期。

第十八条 本办法自 2006 年 11 月 1 日起施行。

附录四 无公害农产品标志管理办法

（2002 年 11 月 25 日中华人民共和国农业部、
国家认证认可监督管理委员会第 231 号公告）

第一条 为加强对无公害农产品标志的管理，保证无公害农产品的质量，维护生产者、经营者和消费者的合法权益，根据《无公害农产品管理办法》，制定本办法。

第二条 无公害农产品标志是加施于获得无公害农产品认证的产品或者其包装上的证明性标记。

本办法所指无公害农产品标志是全国统一的无公害农产品认证标志。

国家鼓励获得无公害农产品认证证书的单位和个人积极使用全国统一的无公害农产品标志。

第三条　农业部和国家认证认可监督管理委员会（以下简称国家认监委）对全国统一的无公害农产品标志实行统一监督管理。

县级以上地方人民政府农业行政主管部门和质量技术监督部门按照职责分工依法负责本行政区域内无公害农产品标志的监督检查工作。

第四条　本办法适用于无公害农产品标志的申请、印制、发放、使用和监督管理。

第五条　无公害农产品标志基本图案、规格和颜色如下：

（一）无公害农产品标志基本图案为：

（二）无公害农产品标志规格分为五种，其规格、尺寸（直径）为：

规格	1号	2号	3号	4号	5号
尺寸（毫米）	10	15	20	30	60

（三）无公害农产品标志标准颜色由绿色和橙色组成。

第六条　根据《无公害农产品管理办法》的规定获得无公害农产品认证资格的认证机构（以下简称认证机构），负责无公害农产品标志的申请受理、审核和发放工作。

第七条 凡获得无公害农产品认证证书的单位和个人，均可以向认证机构申请无公害农产品标志。

第八条 认证机构应当向申请使用无公害农产品标志的单位和个人说明无公害农产品标志的管理规定，并指导和监督其正确使用无公害农产品标志。

第九条 认证机构应当按照认证证书标明的产品品种和数量发放无公害农产品标志，认证机构应当建立无公害农产品标志出入库登记制度。无公害农产品标志出入库时，应当清点数量，登记台账；无公害农产品标志出入库台账应当存档，保存时间为5年。

第十条 认证机构应当将无公害农产品标志的发放情况每6个月报农业部和国家认监委。

第十一条 获得无公害农产品认证证书的单位和个人，可以在证书规定的产品或者其包装上加施无公害农产品标志，用以证明产品符合无公害农产品标准。

印制在包装、标签、广告、说明书上的无公害农产品标志图案，不能作为无公害农产品标志使用。

第十二条 使用无公害农产品标志的单位和个人，应当在无公害农产品认证证书规定的产品范围和有效期内使用，不得超范围和逾期使用，不得买卖和转让。

第十三条 使用无公害农产品标志的单位和个人，应当建立无公害农产品标志的使用管理制度，对无公害农产品标志的使用情况如实记录并存档。

第十四条 无公害农产品标志的印制工作应当由经农业部和国家认监委考核合格的印制单位承担，其他任何单位和个人不得擅自印制。

第十五条 无公害农产品标志的印制单位应当具备以下基本条件：

（一）经工商行政管理部门依法注册登记，具有合法的营业证明；

（二）获得公安、新闻出版等相关管理部门发放的许可证明；

（三）有与其承印的无公害农产品标志业务相适应的技术、设备及仓储保管设施等条件；

（四）具有无公害农产品标志防伪技术和辨伪能力；

（五）有健全的管理制度；

（六）符合国家有关规定的其他条件。

第十六条　无公害农产品标志的印制单位应当按照本办法规定的基本图案、规格和颜色印制无公害农产品标志。

第十七条　无公害农产品标志的印制单位应当建立无公害农产品标志出入库登记制度。无公害农产品标志出入库时，应当清点数量，登记台账；无公害农产品标志出入库台账应当存档，期限为 5 年。

对废、残、次无公害农产品标志应当进行销毁，并予以记录。

第十八条　无公害农产品标志的印制单位，不得向具有无公害农产品认证资格的认证机构以外的任何单位和个人转让无公害农产品标志。

第十九条　伪造、变造、盗用、冒用、买卖和转让无公害农产品标志以及违反本办法规定的，按照国家有关法律法规的规定，予以行政处罚；构成犯罪的，依法追究其刑事责任。

第二十条　从事无公害农产品标志管理的工作人员滥用职权、徇私舞弊、玩忽职守，由所在单位或者所在单位的上级行政主管部门给予行政处分；构成犯罪的，依法追究刑事责任。

第二十一条　对违反本办法规定的，任何单位和个人可以向认证机构投诉，也可以直接向农业部或者国家认监委投诉。

第二十二条　本办法由农业部和国家认监委负责解释。

第二十三条　本办法自公告之日起实施。

附录五　无公害农产品产地认定程序

（2003 年 4 月 17 日农业部、国家认证认可
监督管理委员会发布）

第一条　为规范无公害农产品产地认定工作，保证产地认定结果的科学、公正，根据《无公害农产品管理办法》，制定本程序。

第二条　各省、自治区、直辖市和计划单列市人民政府农业行政主管部门（以下简称省级农业行政主管部门）负责本辖区内无公害农产品产地认定（以下简称产地认定）工作。

第三条　申请产地认定的单位和个人（以下简称申请人），应当向产地所在地县级人民政府农业行政主管部门（以下简称县级农业行政主管部门）提出申请，并提交以下材料：

（一）《无公害农产品产地认定申请书》；

（二）产地的区域范围、生产规模；

（三）产地环境状况说明；

（四）无公害农产品生产计划；

（五）无公害农产品质量控制措施；

（六）专业技术人员的资质证明；

（七）保证执行无公害农产品标准和规范的声明；

（八）要求提交的其他有关材料。

申请人向所在地县级以上人民政府农业行政主管部门申领《无公害农产品产地认定申请书》和相关资料，或者从中国农业信息网站（www.agri.gov.cn）下载获取。

第四条　县级农业行政主管部门自受理之日起 30 日内，对申请人的申请材料进行形式审查。符合要求的，出具推荐意见，连同产地认定申请材料逐级上报省级农业行政主管部门；不符合要求的，应当书面通知申请人。

第五条　省级农业行政主管部门应当自收到推荐意见和产地认定申请材料之日起 30 日内，组织有资质的检查员对产地认定申请材料进行审查。

材料审查不符合要求的，应当书面通知申请人。

第六条　材料审查符合要求的，省级农业行政主管部门组织有资质的检查员参加的检查组对产地进行现场检查。

现场检查不符合要求的，应当书面通知申请人。

第七条　申请材料和现场检查符合要求的，省级农业行政主管部门通知申请人委托具有资质的检测机构对其产地环境进行抽样检验。

第八条　检测机构应当按照标准进行检验，出具环境检验报告和环境评价报告，分送省级农业行政主管部门和申请人。

第九条　环境检验不合格或者环境评价不符合要求的，省级农业行政主管部门应当书面通知申请人。

第十条　省级农业行政主管部门对材料审查、现场检查、环境检验和环境现状评价符合要求的，进行全面评审，并作出认定终审结论。

（一）符合颁证条件的，颁发《无公害农产品产地认定证书》；

（二）不符合颁证条件的，应当书面通知申请人。

第十一条　《无公害农产品产地认定证书》有效期为 3 年。期满后需要继续使用的，证书持有人应当在有效期满前 90 日内按照本程序重新办理。

第十二条　省级农业行政主管部门应当在颁发《无公害农产品产地认定证书》之日起 30 日内，将获得证书的产地名录报农业部和国家认证认可监督管理委员会备案。

第十三条　在本程序发布之日前，省级农业行政主管部门已经认定并颁发证书的无公害农产品产地，符合本程序规定的，可以换发《无公害农产品产地认定证书》。

第十四条 《无公害农产品产地认定申请书》、《无公害农产品产地认定证书》的格式，由农业部统一规定。

第十五条 省级农业行政主管部门根据本程序可以制定本辖区内具体的实施程序。

第十六条 本程序由农业部、国家认证认可监督管理委员会负责解释。

第十七条 本程序自发布之日起执行。

附录六　无公害农产品认证程序

［2003 年 4 月 17 日农业部、国家
认监委（第 264 号）公告］

第一条 为规范无公害农产品认证工作，保证产品认证结果的科学、公正，根据《无公害农产品管理办法》，制定本程序。

第二条 农业部农产品质量安全中心（以下简称中心）承担无公害农产品认证（以下简称产品认证）工作。

第三条 农业部和国家认证认可监督管理委员会（以下简称国家认监委）依据相关的国家标准或者行业标准发布《实施无公害农产品认证的产品目录》（以下简称产品目录）。

第四条 凡生产产品目录内的产品，并获得无公害农产品产地认定证书的单位和个人，均可申请产品认证。

第五条 申请产品认证的单位和个人（以下简称申请人），可以通过省、自治区、直辖市和计划单列市人民政府农业行政主管部门或者直接向中心申请产品认证，并提交以下材料：

（一）《无公害农产品认证申请书》；

（二）《无公害农产品产地认定证书》（复印件）；

（三）产地《环境检验报告》和《环境评价报告》；

（四）产地区域范围、生产规模；

（五）无公害农产品的生产计划；

（六）无公害农产品质量控制措施；

（七）无公害农产品生产操作规程；

（八）专业技术人员的资质证明；

（九）保证执行无公害农产品标准和规范的声明；

（十）无公害农产品有关培训情况和计划；

（十一）申请认证产品的生产过程记录档案；

（十二）"公司加农户"形式的申请人应当提供公司和农户签订的购销合同范本、农户名单以及管理措施；

（十三）要求提交的其他材料。

申请人向中心申领《无公害农产品认证申请书》和相关资料，或者从中国农业信息网站（www.agri.gov.cn）下载。

第六条　中心自收到申请材料之日起，应当在 15 个工作日内完成申请材料的审查。

第七条　申请材料不符合要求的，中心应当书面通知申请人。

第八条　申请材料不规范的，中心应当书面通知申请人补充相关材料。申请人自收到通知之日起，应当在 15 个工作日内按要求完成补充材料并报中心。中心应当在 5 个工作日内完成补充材料的审查。

第九条　申请材料符合要求的，但需要对产地进行现场检查的，中心应当在 10 个工作日内作出现场检查计划并组织有资质的检查员组成检查组，同时通知申请人并请申请人予以确认。检查组在检查计划规定的时间内完成现场检查工作。

现场检查不符合要求的，应当书面通知申请人。

第十条　申请材料符合要求（不需要对申请认证产品产地进行现场检查的）或者申请材料和产地现场检查符合要求的，中心应当书面通知申请人委托有资质的检测机构对其申请认证产品进行抽样检验。

第十一条　检测机构应当按照相应的标准进行检验，并出具产品检验报告，分送中心和申请人。

第十二条 产品检验不合格的，中心应当书面通知申请人。

第十三条 中心对材料审查、现场检查（需要的）和产品检验符合要求的，进行全面评审，在 15 个工作日内作出认证结论。

（一）符合颁证条件的，由中心主任签发《无公害农产品认证证书》；

（二）不符合颁证条件的，中心应当书面通知申请人。

第十四条 每月 10 日前，中心应当将上月获得无公害农产品认证的产品目录同时报农业部和国家认监委备案。由农业部和国家认监委公告。

第十五条 《无公害农产品认证证书》有效期为 3 年，期满后需要继续使用的，证书持有人应当在有效期满前 90 日内按照本程序重新办理。

第十六条 任何单位和个人（以下简称投诉人）对中心检查员、工作人员、认证结论、委托检测机构、获证人等有异议的均可向中心反映或投诉。

第十七条 中心应当及时调查、处理所投诉事项，并将结果通报投诉人，并抄报农业部和国家认监委。

第十八条 投诉人对中心的处理结论仍有异议，可向农业部和国家认监委反映或投诉。

第十九条 中心对获得认证的产品应当进行定期或不定期的检查。

第二十条 获得产品认证证书的，有下列情况之一的，中心应当暂停其使用产品认证证书，并责令限期改正。

（一）生产过程发生变化，产品达不到无公害农产品标准要求；

（二）经检查、检验、鉴定，不符合无公害农产品标准要求。

第二十一条 获得产品认证证书，有下列情况之一的，中心应当撤销其产品认证证书：

（一）擅自扩大标志使用范围；

（二）转让、买卖产品认证证书和标志；

（三）产地认定证书被撤销；

（四）被暂停产品认证证书未在规定限期内改正的。

第二十二条　本程序由农业部、国家认监委负责解释。

第二十三条　本程序自发布之日起执行。

附录七　中华人民共和国国家标准
——小麦（GB 1351—2008）

（2008 年 1 月 1 日国家质量监督检验检疫总局、

中国国家标准化管理委员会发布）

GB 1351—2008 代替 GB 1351—1999，

2008 年 5 月 1 日起实施

1. 范围

本标准规定了小麦的相关术语和定义、分类、质量要求、卫生要求、检验方法、检验规则、标签标识，以及包装、储存和运输要求。

本标准适用于收购、储存、运输、加工和销售的商品小麦。

本标准不适用于本标准分类规定以外的特殊品种小麦。

2. 规范性引用文件

下列文件中的条款通过本标准的引用而成为本标准的条款。凡是注日期的引用文件，其随后所有的修改单（不包括勘误的内容）或修订版均不适用于本标准。然而，鼓励根据本标准达成协议的各方研究是否可使用这些文件的最新版本。凡是不注日期的引用文件，其最新版本适用于本标准。

GB 2715　粮食卫生标准

GB/T 5490　粮食、油料及植物油脂检验一般规则

GB 5491　粮食、油料检验扦样、分样法

GB/T 5492　粮食、油料检验色泽、气味、口味鉴定法

GB/T 5493　粮食、油料检验类型及互混检验法

GB/T 5494　粮食、油料检验杂质、不完善粒检验法

GB/T 5497　粮食、油料检验水分测定法

GB/T 5498　粮食、油料检验容重测定法

GB 13078　饲料卫生标准

GB/T 21304—2007　小麦硬度测定硬度指数法

3. 术语和定义

下列术语和定义适用于本标准。

3.1　容重 test weight

小麦籽粒在单位容积内的质量，以克/升表示。

3.2　不完善粒 unsound kernel

受到损伤但尚有使用价值的小麦颗粒。包括虫蚀粒、病斑粒、破损粒、生芽粒和生霉粒。

3.2.1　虫蚀粒 ingured kernel

被虫蛀蚀，伤及胚或胚乳的颗粒。

3.2.2　病斑粒 spotted kernel

粒面带有病斑，伤及胚或胚乳的颗粒。

3.2.3　黑胚粒 blackgermkernel

籽粒胚部呈深褐色或黑色，伤及胚或胚乳的颗粒。

3.2.4　赤霉病粒 gibberella damaged kernel

籽粒皱缩，呆白，有的粒面呈紫色，或有明显的粉红色霉状物，间有黑色子囊壳。

3.2.5　破损粒 broken kernel

压扁、破碎，伤及胚或胚乳的颗粒。

3.2.6　生芽粒 sprouted kernel

芽或幼根虽未突破种皮但胚部种皮已破裂或明显隆起且与胚分离的颗粒，或芽或幼根突破种皮不超过本颗粒长度的颗粒。

3.2.7　生霉粒 moldy kernel

粒面生霉的颗粒。

3.3　杂质 foreign material

除小麦粒以外的其他物质，包括筛下物、无机杂质和有机杂质。

3.3.1　筛下物 throughs

通过直径 1.5 毫米圆孔筛的物质。

3.3.2　无机杂质 inorganic impurity

沙石、煤渣、砖瓦块、泥土等矿物质及其他无机类物质。

3.3.3　有机杂质 organic impurity

无使用价值的小麦，异种粮粒及其他有机类物质。

注：常见无使用价值的小麦有：霉变小麦、生芽粒中芽超过本颗粒长度的小麦、线虫病小麦、腥黑穗病小麦等颗粒。

3.4　色泽、气味 colour and odour

一批小麦固有的综合颜色、光泽和气味。

3.5　小麦硬度指数 wheat hardness index

在规定条件下粉碎小麦样品。留存在筛网上的样品占试样的质量分数，简称 HI。小麦硬度指数数值越大，表明小麦硬度越高，反之表明小麦硬度越低。

4. 分类

4.1　硬质白小麦

种皮为白色或黄白色的麦粒不少于 90%，硬度指数不低于 60 的小麦。

4.2　软质白小麦

种皮为白色或黄白色的麦粒不少于 90%，硬度指数不高于 45 的小麦。

4.3 硬质红小麦

种皮为深红色或红褐色的麦粒不少于 90%，硬度指数不低于 60 的小麦。

4.4 软质红小麦

种皮为深红色或红褐色的麦粒不少于 90%，硬度指数不高于 45 的小麦。

4.5 混合小麦

不符合 4.1 至 4.4 规定的小麦。

5. 质量要求和卫生要求

5.1 质量要求

各类小麦质量要求见表 7-1，其中容重为定等指标，3 等为中等。

表 7-1 小麦质量要求

等级	容重（克/升）	不完善粒（%）	杂质（%）		水分（%）	色泽、气味
			总量	其中：矿物质		
1	≥790	≤6.0	≤1.0	≤0.5	≤12.5	正常
2	≥770					
3	≥750	≤8.0				
4	≥730					
5	≥710	≤10.0				
等外	<710	—				

注："—"为不要求。

5.2 卫生要求

5.2.1 食用小麦

按 GB 2715 及国家有关规定执行。

5.2.2　饲料用小麦

按 GB 13078 及国家有关规定执行。

5.2.3　其他用途小麦

按国家有关标准和规定执行。

5.2.4　植物检疫

按国家有关标准和规定执行。

6. 检验方法

6.1　扦样、分样

按 GB 5491 执行。

6.2　色泽、气味检验

按 GB/T 5492 执行。

6.3　小麦皮色检验

按 GB/T 5493 执行。

6.4　小麦硬度检验

按 GB/T 21304 执行。

6.5　杂质、不完善粒检验

按 GB/T 5494 执行。

6.6　水分检验

按 GB/T 5497 执行。

6.7　容重检验

按 GB/T 5498 执行。

7. 检验规则

7.1　检验的一般规则

按 GB/T 5490 执行。

7.2　检验批

检验批为同种类、同产地、同收获年度、同运输单元、同储存单元的小麦。

7.3 判定规则

容重应符合表8-1中相应等级的要求，其他指标按国家有关规定执行。

8. 标签标识

应在包装物上或随行文件中注明产品的名称、类别、等级、产地、收获年度和月份。

9. 储存和运输

9.1 包装

包装应清洁、牢固、无破损，封口严密、结实，不应撒漏；不应给产品带来污染和异常气味。

9.2 储存

储存在清洁、干燥、防雨、防潮、防虫、防鼠、无异味的仓房内，不应与有毒有害物质或含水量较高的物质混存。

9.3 运输

使用符合卫生要求的运输工具，运输过程中应注意防止雨淋和被污染。

附录八　优质小麦　强筋小麦
（GB/T 17892—1999）

1. 范围

本标准规定了强筋小麦的定义、分类、品质指标、检验方法、检验规则及包装、运输、贮存要求。

本标准适用于收购、贮存、运输、加工、销售的强筋商品小麦。

2. 引用标准

下列标准所包含的条文，通过在本标准中引用而构成为本标准的条文。本标准出版时，所示版本均为有效。所有标准都会被修订，使用本标准的各方应探讨使用下列标准最新版本的可能性。

GB 1351—1999　小麦

GB/T 5506—1985　粮食、油料检验面筋测定法

GB/T 5511—1985　粮食、油料检验粗蛋白质测定法

GB/T 10361—1989　谷物降落数值测定法

GB/T 14608　小麦粉湿面筋测定法

GB/T 14611—1993　小麦粉面包烘焙品质试验法直接发酵法

GB/T 14614—1993　小麦粉吸水量和面团揉合性能测定法粉质仪法

3. 定义

本标准采用下列定义。

3.1　容重、不完善粒、杂质、色泽、气味
按 GB 1351—1999 中 3.1、3.2、3.3、3.4、3.5 执行。

3.2　强筋小麦
角质率不低于 70%，加工成的小麦粉筋力强，适合于制作面包等食品。

4. 质量指标

4.1　强筋小麦
应符合表 8-1 的质量要求。

4.2　卫生检验和植物检疫
按国家有关标准和规定执行。

表 8-1　强筋小麦品质指标

项　目			指　标	
			一等	二等
籽粒	容重，g/L≥		770	
	水分，%≤		12.5	
	不完善粒，%≤		6.0	
	杂质，%	总量≤	1.0	
		矿物质≤	0.5	
	色泽、气味		正常	
	降落数值，s≥		300	
	粗蛋白质，%（干基）≥		15.0	14.0
小麦粉	湿面筋，%（14%水分基）≥		35.0	32.0
	面团稳定时间，min≥		10.0	7.0
	烘焙品质评分值≥		80	

5. 检验方法

5.1　检验的一般原则

扦样、分样及色泽、气味、角质率、杂质、不完善粒、水分、容重的检验按 GB1351—1999 中的 6.1、6.2、6.3、6.4、6.5、6.6、6.7 执行。

5.2　降落数值检验

按 GB/T 10361 执行。

5.3　粗蛋白质检验

按 GB/T 5511 执行。

5.4　湿面筋检验

按 GB/T 5506 和 GB/T 14608 执行。

5.5　面团稳定时间检验

按 GB/T 14614 执行。

5.6　烘焙品质评分值检验

按 GB/T 14611 执行。

6. 检验规则

6.1　可使用有皮磨、心磨系统的制粉设备制备检验用小麦粉。出粉率应控制在 60%～65%，灰分值应不大于 0.65%（以干基计）。制成的小麦粉应充分混匀后装入聚乙烯袋或其他干燥密封容器内放置至少一周时间，待小麦粉品质趋于稳定后，方可进行粉质试验和烘焙试验。

6.2　降落数值、粗蛋白质含量、湿面筋含量、面团稳定时间及烘焙品质评分值必须达到表 8-1 中规定的质量指标，其中有一项不合格者，不作为强筋小麦。

7. 包装、运输和贮存

包装、运输和贮存，按国家有关标准和规定执行。

附录九　优质小麦　弱筋小麦
(GB/T 17893—1999)

1. 范围

本标准规定了弱筋小麦的有关定义、分类、品质指标、检验方法、检验规则及包装、运输、贮存要求。

本标准适用于收购、贮存、运输、加工、销售的弱筋商品小麦。

2. 引用标准

下列标准所包含的条文，通过在本标准中引用而构成为本标准的条文。本标准出版时，所示版本均为有效。所有标准都会被修订，使用本标准的各方应探讨使用下列标准最新版本的可能性。

GB 1351—1999　小麦

GB/T 5506—1985　粮食、油料检验面筋测定法

GB/T 5511—1985　粮食、油料检验粗蛋白质测定法

GB/T 10361—1989　谷物降落数值测定法

GB/T 14608—1993　小麦粉湿面筋测定法

GB/T 14614—1993　小麦粉吸水量和面团揉合性能测定法粉质仪法

3. 定义

本标准采用下列定义。

3.1 容重、不完善粒、杂质、色泽、气味

按 GB 1351—1999 中 3.1、3.2、3.3、3.4、3.5 执行。

3.2 弱筋小麦

粉质率不低于 70%，加工成的小麦粉筋力弱，适合于制作蛋糕和酥性饼干等食品。

4. 质量指标

国家质量技术监督局 1999 - 11 - 01 批准 2000 - 04 - 01 实施 GB/T 17893—1999。

4.1 弱筋小麦应符合表 9-1 的质量要求。

4.2 卫生检验和植物检疫按国家有关标准和规定执行。

表 9-1　弱筋小麦品质指标

项　目		指　标
籽　粒	容重，g/L≥	750
	水分，%≤	12.5
	不完善粒，%≤	6.0

项　　目			指　　标
籽　粒	杂质，%	总量≤	1.0
		矿物质≤	0.5
	色泽、气味		正常
	降落数值，s≥		300
	粗蛋白质，%（干基）≤		11.5
小麦粉	湿面筋，%（14%水分基）≥		22.0
	面团稳定时间，min≥		2.5

5. 检验方法

5.1 检验的一般原则

扦样、分样及色泽、气味、粉质率、杂质、不完善粒、水分、容重的检验按 GB 1351—1999 中的 6.1、6.2、6.3、6.4、6.5、6.6、6.7 执行。

5.2 降落数值检验

按 GB/T 10361 执行。

5.3 粗蛋白质检验

按 GB/T 5511 执行。

5.4 湿面筋检验

按 GB/T 5506 和 GB/T 14608 执行。

5.5 面团稳定时间检验

按 GB/T 14614 执行。

6. 检验规则

6.1 可使用有皮磨、心磨系统的制粉设备制备检验用小麦粉。出粉率应控制在 60%～65%，灰分值应不大于 0.65%（以干基计）。制成的小麦粉应充分混匀后装入聚乙烯袋或其他干燥密封容器内放置至少一周时间，待小麦粉品质趋于稳定后，方可进行粉质试验和烘焙试验。

6.2 降落数值、粗蛋白质含量、湿面筋含量、面团稳定时间必须达到表 9-1 中规定的质量指标，其中有一项不合格者，不作为弱筋小麦。

7. 包装、运输和贮存

包装、运输和贮存按国家有关标准和规定执行。

附录十　小麦产地环境条件
(NY/T 851—2004)

(2005 年 1 月 4 日中华人民共和国农业部发布)
2005 - 02 - 01 实施

1. 范围

本标准规定了小麦产地空气环境质量、灌溉水质量和土壤环境质量、采样及分析方法。
本标准适用于小麦产地环境要求。

2. 规范性引用文件

下列文件中的条款通过本标准的引用而成为本标准的条款。凡是注日期的引用文件，其随后所有的修改单（不包括勘误的内容）或修订版均不适用于本标准，然而，鼓励根据本标准达成协议的各方研究是否可使用这些文件的最新版本。凡是不注日期的引用文件，其最新版本适用于本标准。

GB/T 6920　水质 pH 的测定　玻璃电极法

GB/T 7467　水质六价铬的测定　二苯碳酸二肼分光光度法

GB/T 7468　水质总汞的测定　冷原子吸收分光光度法

GB/T 7475　水质铜、锌、铅、镉的测定　原子吸收分光光度法

GB/T 7484　水质氟化物的测定　离子选择电极法

GB/T 7485　水质总砷的测定　二乙基二硫代氨基甲酸银分光光度法

GB/T 11896　水质氯化物的测定　硝酸银容量法

GB/T 15262　环境空气二氧化硫的测定　甲醛吸收—副玫瑰苯胺分光光度法

GB/T 15435　环境空气二氧化氮的测定　Saltzman 法

GB/T 15264　环境空气铅的测定　火焰原子吸收分光光度法

GB/T 15432　环境空气总悬浮颗粒物的测定　重量法

GB/T 15433　环境空气氟化物的测定　石灰滤纸氟离子选择电极法

GB/T 16488　水质石油类和动植物油的测定　红外分光光度法

GB/T 17134　土壤质量总砷的测定　二乙基二硫代氨基甲酸银分光光度法

GB/T 17136　土壤质量总汞的测定　冷原子吸收分光光度法

GB/T 17137　土壤质量总铬的测定　火焰原子吸收分光光度法

GB/T 17138　土壤质量铜、锌的测定　火焰原子吸收分光光度法

GB/T 17141　土壤质量铅、镉的测定　石墨炉原子吸收分光光度法

NY/T 395　农田土壤环境质量监测技术规范

NY/T 396　农田水源环境质量监测技术规范

NY/T 397　农田环境空气质量监测技术规范

3. 要求

3.1　环境空气质量

小麦产地环境空气质量应符合表 10-1 的规定。

表 10-1　环境空气质量要求

项　目	取值时间	限值	单　位
总悬浮颗粒物	日平均	0.30	
二氧化硫	日平均 1h 平均	0.15 0.50	mg/m³（标准状态）
二氧化氮	日平均 1h 平均	0.12 0.24	
铅	季平均	1.5	μg/m³（标准状态）
氟化物	日平均	5.0	μg/（dm²·d）（标准状态）
	植物生长季平均	1.0	

注 1：日平均指任何一日的平均浓度；
注 2：1h 平均指任何 1h 的平均浓度；
注 3：季平均指任何一季的日平均浓度的算术均值；
注 4：植物生长季平均指任何一个植物生长季月平均浓度的算术均值。

3.2　灌溉水质量

小麦产地灌溉水水质应符合表 10-2 的规定。

表 10-2　灌溉水水质要求

项　目	限　值
pH	≤6.5～8.5
总汞，mg/L	≤0.001
总镉，mg/L	≤0.005
总砷，mg/L	≤0.1
总铅，mg/L	≤0.1

（续）

项　　目	限　　值
铬（六价），mg/L	≤0.1
石油类，mg/L	≤1.0
氟化物（以 F⁻ 计），mg/L	≤1.5
氯化物（以 Cl⁻ 计），mg/L	≤250

3.3　土壤环境质量

小麦产地土壤环境质量应符合表 10-3 的规定。

表 10-3　土壤环境质量要求

项　　目		限　　值		
		pH＜6.5	pH 6.5～7.5	pH＞7.5
总镉，mg/kg	≤	0.30	0.30	0.60
总汞，mg/kg	≤	0.30	0.50	1.0
总砷，mg/kg	≤	40	30	25
总铅，mg/kg	≤	250	300	350
总铬，mg/kg	≤	150	200	250
总铜，mg/kg	≤	50	100	100
总锌，mg/kg	≤	200	250	300

注：以上项目均按元素量计，适用于阳离子交换量＞5cm ol（＋）/kg 的土壤，若≤5cm ol（＋）/kg，其标准值为表内数值的半数。

4. 采样方法

4.1　环境空气质量

按 NY/T 397 规定执行。

4.2　灌溉水质量

按 NY/T 396 规定执行。

4.3　土壤环境质量

按 NY/T 395 规定执行。

5. 分析方法

5.1 空气环境质量指标

5.1.1 总悬浮颗粒物

按 GB/T 15432 的规定执行。

5.1.2 二氧化硫

按 GB/T 15262 的规定执行。

5.1.3 二氧化氮

按 GB/T 15435 的规定执行。

5.1.4 铅

按 GB/T 15264 的规定执行。

5.1.5 氟化物

按 GB/T 15433 的规定执行。

5.2 灌溉水质量指标

5.2.1 pH

按 GB/T 6920 的规定执行。

5.2.2 总汞

按 GB/T 7468 的规定执行。

5.2.3 总砷

按 GB/T 7485 的规定执行。

5.2.4 铅、镉

按 GB/T 7475 的规定执行。

5.2.5 六价铬

按 GB/T 7467 的规定执行。

5.2.6 氟化物

按 GB/T 7484 的规定执行。

5.2.7 石油类

按 GB/T 16488 的规定执行。

5.2.8　氯化物

按 GB/T 11896 的规定执行。

5.3　土壤环境质量指标

5.3.1　铅、镉

按 GB/T 17141 的规定执行。

5.3.2　总汞

按 GB/T 17136 的规定执行。

5.3.3　总砷

按 GB/T 17134 的规定执行。

5.3.4　总铬

按 GB/T 17137 的规定执行。

5.3.5　总铜

按 GB/T 17138 的规定执行。

5.3.6　总锌

按 GB/T 17138 的规定执行。

附录十一　土壤环境质量标准
（GB 15618—1995）

为贯彻《中华人民共和国环境保护法》，防止土壤污染，保护生态环境，保障农林生产，维护人体健康，制定本标准。

1. 主题内容与适用范围

1.1　主题内容

本标准按土壤应用功能、保护目标和土壤主要性质，规定了土壤中污染物的最高允许浓度指标值及相应的监测方法。

1.2　适用范围

本标准适用于农田、蔬菜地、茶园、果园、牧场、林地、自然保护区等地的土壤。

2. 术语

2.1 土壤

指地球陆地表面能够生长绿色植物的疏松层。

2.2 土壤阳离子交换量

指带负电荷的土壤胶体，借静电引力而对溶液中的阳离子所吸附的数量，以每千克干土所含全部代换性阳离子的厘摩尔数（按一价离子计）表示。

3. 土壤环境质量分类和标准分级

3.1 环境质量分类

根据土壤应用功能和保护目标，划分为三类：

Ⅰ类：主要适用于国家规定的自然保护区（原有背景重金属含量高的除外）、集中式生活饮用水源地、茶园、牧场和其他保护地区的土壤，土壤质量基本上保持自然背景水平。

Ⅱ类：主要适用于一般农田、蔬菜地、茶园、果园、牧场等土壤，土壤质量基本上对植物和环境不造成危害和污染。

Ⅲ类：主要适用于林地土壤及污染物容量较大的高背景值土壤和矿产附近等地的农田土壤（蔬菜地除外）。土壤质量基本上对植物和环境不造成危害和污染。

3.2 标准分级

一级标准为保护区域自然生态，维持自然背景的土壤环境质量的限制值。

二级标准为保障农业生产，维护人体健康的土壤限制值。

三级标准为保障农林业生产和植物正常生长的土壤临界值。

3.3 各类土壤环境质量执行标准的级别规定如下

Ⅰ类土壤环境质量执行一级标准。

Ⅱ类土壤环境质量执行二级标准。

Ⅲ类土壤环境质量执行三级标准。

4. 标准值

本标准规定的三级标准值，见表11-1。

表 11-1　土壤环境质量标准值（mg/kg）

级别 土壤 pH 项目	一级	二级			三级
	自然背景	<6.5	6.5～7.5	>7.5	>6.5
镉≤	0.20	0.30	0.30	0.60	1.0
汞≤	0.15	0.30	0.50	1.0	1.5
砷水田≤	15	30	25	20	30
旱地≤	15	40	30	25	40
铜农田等≤	35	50	100	100	400
铅≤	35	250	300	350	500
铬水田≤	90	250	300	350	400
旱地≤	90	150	200	250	300
锌≤	100	200	250	300	500
镍≤	40	40	50	60	200
六六六≤	0.05	0.50			1.0
滴滴涕≤	0.05	0.50			1.0

注：①重金属（铬主要是三价）和砷均按元素量计，适用于阳离子交换量＞
　　5cmol（＋）/kg 的土壤，若≤5cmol（＋）/kg，其标准值为表内数值的
　　半数。
　　②六六六为四种异构体总量，滴滴涕为四种衍生物总量。
　　③水旱轮作地的土壤环境质量标准，砷采用水田值，铬采用旱地值。

5. 监测

5.1　采样方法

土壤监测方法参照国家环保局的《环境监测分析方法》、《土壤元素的近代分析方法》（中国环境监测总站编）的有关章节进行。国家有关方法标准颁布后，按国家标准执行。

5.2 分析方法

按表 11 - 2 执行。

表 11 - 2 土壤环境质量标准选配分析方法

序号	项目	测定方法	检测范围 mg/kg	注释	分析方法来源
1	镉	土样经盐酸→硝酸→高氯酸（或盐酸→硝酸→氢氟酸→高氯酸）消解后，		土壤总镉	①、②
		(1) 萃取—火焰原子吸收法测定	0.025 以上		
		(2) 石墨炉原子吸收分光光度法测定	0.005 以上		
2	汞	土样经硝酸→硫酸→五氧化二钒或硫、硝酸高锰酸钾消解后，冷原子吸收法测定	0.004 以上	土壤总汞	①、②
3	砷	(1) 土样经硫酸→硝酸→高氯酸消解后，二乙基二硫代氨基甲酸银分光光度法测定	0.5 以上	土壤总砷	①、②
		(2) 土样经硝酸→盐酸→高氯酸消解后，硼氢化钾→硝酸银分光光度法测定	0.1 以上		②
4	铜	土样经盐酸→硝酸→高氯酸（或盐酸→硝酸→氢氟酸→高氯酸）消解后，火焰原子吸收分光光度法测定	1.0 以上	土壤总铜	①、②
5	铅	土样经盐酸→硝酸→氢氟酸→高氯酸消解后		土壤总铅	②
		(1) 萃取—火焰原子吸收法测定	0.4 以上		
		(2) 石墨炉原子吸收分光光度法测定	0.06 以上		
6	铬	土样经硫酸→硝酸→氢氟酸消解后		土壤总铬	①
		(1) 高锰酸钾氧化，二苯碳酰二肼光度法测定	1.0 以上		
		(2) 加氯化铵液，火焰原子吸收分光光度法测定	2.5 以上		

（续）

序号	项目	测定方法	检测范围 mg/kg	注释	分析方法来源
7	锌	土样经盐酸→硝酸→高氯酸（或盐酸→硝酸→氢氟酸→高氯酸）消解后，火焰原子吸收分光光度法测定	0.5以上	土壤总锌	①、②
8	镍	土样经盐酸→硝酸→高氯酸（或盐酸→硝酸→氢氟酸→高氯酸）消解后，火焰原子吸收分光光度法测定	2.5以上	土壤总镍	②
9	六六六和滴滴涕	丙酮—石油醚提取，浓硫酸净化，用带电子捕获检测器的气相色谱仪测定	0.005以上		GB/T 14550—93
10	pH	玻璃电极法（土：水＝1.0：2.5）	—		②
11	阳离子交换量	乙酸铵法等			③

注：分析方法除土壤六六六和滴滴涕有国标外，其他项目待国家方法标准发布后执行，现暂采用下列方法：

①《环境监测分析方法》，1983，城乡建设环境保护部环境保护局；

②《土壤元素的近代分析方法》，1992，中国环境监测总站编，中国环境科学出版社；

③《土壤理化分析》，1978，中国科学院南京土壤研究所编，上海科技出版社。

6. 标准的实施

6.1　本标准由各级人民政府环境保护行政主管部门负责监督实施，各级人民政府的有关行政主管部门依照有关法律和规定实施。

6.2　各级人民政府环境保护行政主管部门根据土壤应用功能和保护目标会同有关部门划分本辖区土壤环境质量类别，报同级人民政府批准。

附录十二　环境空气质量标准

（GB 3095—1996）

1. 主题内容与适用范围

本标准规定了环境空气质量功能区划分、标准分级、污染物项目、取值时间及浓度限值，采样与分析方法及数据统计的有效性规定。

本标准适用于全国范围的环境空气质量评价。

2. 引用标准

GB/T 15262　空气质量　二氧化硫的测定——甲醛吸收副玫瑰苯胺分光光度法

GB 8970　空气质量　二氧化硫的测定——四氯汞盐副玫瑰苯胺分光光度法

GB/T 15432　环境空气　总悬浮颗粒物测定——重量法

GB 6921　空气质量　大气飘尘浓度测定方法

GB/T 15436　环境空气　氮氧化物的测定——Saltzman 法

GB/T 15435　环境空气　二氧化氮的测定——Saltzman 法

GB/T 15437　环境空气　臭氧的测定——靛蓝二磺酸钠分光光度法

GB/T 15438　环境空气　臭氧的测定——紫外光度法

GB 9801　空气质量　一氧化碳的测定——非分散红外法

GB 8971　空气质量　苯并〔a〕芘的测定——乙酰化滤纸层析荧光分光光度法

GB/T 15439　环境空气　苯并〔a〕芘的测定——高效液相色谱法

GB/T 15264　空气质量　铅的测定——火焰原子吸收分光

光度法

GB/T 15434　环境空气　氟化物的测定——滤膜氟离子选择电极法

GB/T 15433　环境空气　氟化物的测定——石灰滤纸氟离子选择电极法

3. 定义

3.1　总悬浮颗粒物（TSP）

指能悬浮在空气中，空气动力学当量直径≤100μm 的颗粒物。

3.2　可吸入颗粒物（PM₁₀）

指悬浮在空气中，空气动力学当量直径≤10μm 的颗粒物。

3.3　氮氧化物（以 NO₂ 计）

指空气中主要以一氧化氮和二氧化氮形式存在的氮的氧化物。

3.4　铅（Pb）

指存在于总悬浮颗粒物中的铅及其化合物。

3.5　苯并 [a] 芘（B [a] P）

指存在于可吸入颗粒物中的苯并 [a] 芘。

3.6　氟化物（以 F 计）

以气态及颗粒态形式存在的无机氟化物。

3.7　年平均

指任何一年的日平均浓度的算术均值。

3.8　季平均

指任何一季的日平均浓度的算术均值。

3.9　月平均

指任何一月的日平均浓度的算术均值。

3.10　日平均

指任何一日的平均浓度。

3.11 一小时平均

指任何一小时的平均浓度。

3.12 植物生长季平均

指任何一个植物生长季月平均浓度的算术均值。

3.13 环境空气

指人群、植物、动物和建筑物所暴露的室外空气。

3.14 标准状态

指温度为273K，压力为101.325 kPa时的状态。

4. 环境空气质量功能区分类

4.1 环境空气质量功能区的分类和标准分级

一类区为自然保护区、风景名胜区和其他需要特殊保护的地区。

二类区为城镇规划中确定的居住区、商业交通居民混合区、文化区、一般工业区和农村地区。

三类区为特定工业区。

4.2 环境空气质量标准分级

环境空气质量标准分为三级。

一类区执行一级标准；二类区执行二级标准；三类区执行三级标准。

5. 浓度限值

本标准规定了各项污染物不允许超过的浓度限值，见表12-1。

表 12-1　各项污染物的浓度限值

污染物名称	取值时间	浓度限值			浓度单位
		一级标准	二级标准	三级标准	
二氧化硫	年平均	0.02	0.06	0.10	mg/m³ （标准状态）
	日平均	0.05	0.15	0.25	
	1 小时平均	0.15	0.50	0.70	
总悬浮颗粒物 （TSP）	年平均	0.08	0.20	0.30	
	日平均	0.12	0.30	0.50	
可吸入颗粒物 （PM₁₀）	年平均	0.04	0.10	0.15	
	日平均	0.05	0.15	0.25	
氮氧化物（NO$_x$）	年平均	0.05	0.05	0.10	mg/m³ （标准状态）
	日平均	0.10	0.10	0.15	
	1 小时平均	0.15	0.15	0.30	
二氧化氮（NO$_2$）	年平均	0.04	0.04	0.08	
	日平均	0.08	0.08	0.12	
	1 小时平均	0.12	0.12	0.24	
一氧化碳（CO）	日平均	4.00	4.00	6.00	
	1 小时平均	10.00	10.00	20.00	
臭氧（O$_3$）	1 小时平均	0.12	0.16	0.20	
铅	季平均	1.50			μg/m³ （标准状态）
	年平均	1.00			
苯并［a］芘 （B［a］P）	日平均	0.01			
氟化物	日平均	7①			
	1 小时平均	20①			
	月平均	1.8②	3.0③		μg/（dm²·d）
	植物生长季平均	1.2②	2.0③		

注：①适用于城市地区；②适用于牧业区和以牧业为主的半农半牧区、蚕桑区；③适用于农业和林业区。

6. 监测

6.1 采样

环境空气监测中的采样点、采样环境、采样高度及采样频率的要求，按《环境监测技术规范》（大气部分）执行。

6.2 分析方法

各项污染物分析方法，见表 12 - 2。

表 12 - 2　各项污染物分析方法

污染物名称	分 析 方 法	来　源
二氧化硫（SO_2）	(1) 甲醛吸收副玫瑰苯胺分光光度法 (2) 四氯汞盐副玫瑰苯胺分光光度法 (3) 紫外荧光法[①]	GB/T 15262—94 GB 8970—88
总悬浮颗粒物（TSP）	重量法	GB/T 15432—95
可吸入颗粒物（PM_{10}）	重量法	GB/T 6921—86
氮氧化物（NO_x）	(1) Saltzman 法 (2) 化学发光法[②]	GB/T 15436—95
二氧化氮（NO_2）	(1) Saltzman 法 (2) 化学发光法[②]	GB/T 15435—95
一氧化碳（CO）	非分散红外法	GB 9801—88
臭氧（O_3）	(1) 靛蓝二磺酸钠分光光度法 (2) 紫外光度法 (3) 化学发光法[③]	GB/T 15437—95 GB/T 15438—95
铅（Pb）	火焰原子吸收分光光度法	GB/T 15264—94
苯并［a］芘（B［a］P）	(1) 乙酸化滤纸层析—荧光分光光度法 (2) 高效液相色谱法	GB 8971—88 GB/T 15439—95
氟化物（以 F 计）	(1) 滤膜氟离子选择电极法[④] (2) 石灰滤纸氟离子选择电极法[⑤]	GB/T 15434—95 GB/T 154343—95

注：①②③分别暂用国际标准 ISO/CD10498. ISO7996，ISO10313，待国家标准发布后，执行国家标准；④用于日平均和 1 小时平均标准；⑤用于月平均和植物生长季平均标准。

7. 数据统计的有效性规定

各项污染物数据统计的有效性规定，见表 12-3。

表 12-3　各项污染物数据统计的有效性规定

污　染　物	取值时间	数据有效性规定
SO_2、NO_x、NO_2	年平均	每年至少有分布均匀的 144 个日均值，每月至少有分布均匀的 12 个日均值
TSP、PM_{10}、Pb	年平均	每年至少有分布均匀的 60 个日均值，每月至少有分布均匀的 5 个日均值
SO_2、NO_x、NO_2、CO	日平均	每日至少有 18h 的采样时间
TSP、PM_{10}、B [a] P、Pb	日平均	每日至少有 12h 的采样时间
SO_2、NO_x、NO_2、CO、O_3	1 小时平均	每小时至少有 45min 的采样时间
Pb	季平均	每季至少有分布均匀的 15 个日均值，每月至少有分布均匀的 5 个日均值
F	月平均	每月至少采样 15d 以上
	植物生长季平均	每一个生长季至少有 70% 个月平均值
	日平均	每日至少有 12h 的采样时间
	1 小时平均	每小时至少有 45min 的采样时间

8. 标准的实施

8.1　本标准由各级环境保护行政主管部门负责监督实施。

8.2　本标准规定了小时、日、月、季和年平均浓变限值，在标准实施中各级环境保护行政主管部门应根据不同目的监督其实施。

8.3　环境空气质量功能区由地级市以上（含地级市）环境保护行政主管部门划分，报同级人民政府批准实施。

附录十三 农田灌溉水质标准
（GB 5084—2005）

中华人民共和国国家质量监督检验检疫总局、
中国国家标准化管理委员会 发布
2005 - 07 - 21 发布 2006 - 11 - 01 实施

1. 范围

本标准规定了农田灌溉水质要求、监测和分析方法。

本标准适用于全国以地表水、地下水和处理后的养殖业废水及以农产品为原料加工的工业废水作为水源的农田灌溉用水。

2. 规范性引用文件

下列文件中的条款通过本标准的引用而成为本标准的条款。凡是注日期的引用文件，其随后所有的修改单（不包括勘误的内容）和修订版均不适用于本标准。然而，鼓励根据本标准达成协议的各方研究是否可使用这些文件的最新版本。凡是不注日期的引用文件，其最新版本适用于本标准。

GB/T 5750—1985 生活饮用水标准检验法

GB/T 6920 水质 pH 的测定 玻璃电极法

GB/T 7467 水质 六价铬的测定 二苯碳酰二肼分光光度法

GB/T 7468 水质 总汞的测定 冷原子吸收分光光度法

GB/T 7475 水质 铜、锌、铅、镉的测定 原子吸收分光光度法

GB/T 7484 水质 氟化物的测定 离子选择电极法

GB/T 7485　水质　总砷的测定　二乙基二硫代氨基甲酸银分光光度法

GB/T 7486　水质　氰化物的测定　第一部分　总氰化物的测定

GB/T 7488　水质　五日生化需氧量（BOD₅）的测定　稀释与接种法

GB/T 7490　水质　挥发酚的测定　蒸馏后 4 -氨基安替比林分光光度法

GB/T 7494　水质　阴离子表面活性剂的测定　亚甲蓝分光光度法

GB/T 11896　水质　氯化物的测定　硝酸银滴定法

GB/T 11901　水质　悬浮物的测定　重量法

GB/T 11902　水质　硒的测定　2，3 -二氨基萘荧光法

GB/T 11914　水质　化学需氧量的测定　重铬酸盐法

GB/T 11934　水源水中乙醛、丙烯醛卫生检验标准方法　气相色谱法

GB/T 11937　水源水中苯系物卫生检验标准方法　气相色谱法

GB/T 13195　水质　水温的测定　温度计或颠倒温度计测定法

GB/T 16488　水质　石油类和动植物油的测定　红外光度法

GB/T 16489　水质　硫化物的测定　亚甲基蓝分光光度法

HJ/T49　水质　硼的测定　姜黄素分光光度法

HJ/T50　水质　三氯乙醛的测定　吡唑啉酮分光光度法

HJ/T51　水质　全盐量的测定　重量法

NY/T396　农用水源环境质量检测技术规范

3. 技术内容

3.1　农田灌溉用水水质应符合表 13 - 1、表 13 - 2 的规定。

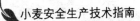

表 13-1 农田灌溉用水水质基本控制项目标准值

序号	项目类别		作物种类		
			水作	旱作	蔬菜
1	五日生化需氧量（mg/L）	≤	60	100	40^a，15^b
2	化学需氧量（mg/L）	≤	150	200	100^a，60^b
3	悬浮物（mg/L）	≤	80	100	60^a，15^b
4	阴离子表面活性剂（mg/L）	≤	5	8	5
5	水温（℃）	≤	35		
6	pH		5.5~8.5		
7	全盐量（mg/L）	≤	$1\,000^c$（非盐碱地土地区），$2\,000^c$（盐碱地土地区）		
8	氯化物（mg/L）	≤	350		
9	硫化物（mg/L）	≤	1		
10	总汞（mg/L）	≤	0.001		
11	镉（mg/L）	≤	0.01		
12	总砷（mg/L）	≤	0.05	0.1	0.05
13	铬（六价）（mg/L）	≤	0.1		
14	铅（mg/L）	≤	0.2		
15	粪大肠菌群数（个/100mL）	≤	4 000	4 000	$2\,000^a$，$1\,000^b$
16	蛔虫卵数（个/L）	≤	2	2	2^a，1^b

a. 加工、烹调及去皮蔬菜。

b. 生食类蔬菜、瓜类和草本水果。

c. 具有一定的水利灌排设施，能保证一定的排水和地下水径流条件的地区，或有一定淡水资源能满足冲洗土体。

　中盐分的地区，农田灌溉水质全盐量指标可以适当放宽。

表 13-2　农田灌溉用水水质选择性控制项目标准值

序号	项目类别		作物种类		
			水作	旱作	蔬菜
1	铜 （mg/L）	≤	0.5	1	1
2	锌 （mg/L）	≤	2	2	2
3	硒 （mg/L）	≤	0.02		
4	氟化物 （mg/L）	≤	2（一般地区），3（高氟区）		
5	氰化物 （mg/L）	≤	0.5		
6	石油类 （mg/L）	≤	5	10	1
7	挥发酚 （mg/L）	≤	1		
8	苯 （mg/L）	≤	2.5		
9	三氯乙醛 （mg/L）	≤	1	0.5	0.5
10	丙烯醛 （mg/L）	≤	0.5		
11	硼 （mg/L）	≤	1[a]（对硼敏感作物），2[b]（对硼耐受性较强的作物），3[c]（对硼耐受性强的作物）		

　　a. 对硼敏感作物，如黄瓜、豆类、马铃薯、笋瓜、韭菜、洋葱、柑橘等。
　　b. 对硼耐受性较强的作物，如小麦、玉米、青椒、小白菜、葱等。
　　c. 对硼耐受性强的作物，如水稻、萝卜、油菜、甘蓝等。

3.2　向农田灌溉渠道排放处理后的养殖业废水及以农产品为原料加工的工业废水，应保证其下游最近灌溉取水点的水质符合本标准。

3.3　当本标准不能满足当地环境保护需要或农业生产需要时，省、自治区、直辖市人民政府可以补充本标准中未规定的项目或制定严于本标准的相关项目，作为地方补充标准，并报国务院环境保护行政主管部门和农业行政主管部门备案。

4. 监测与分析方法

4.1　监测

4.1.1　农田灌溉用水水质基本控制项目，监测项目的布点监测频率应符合 NY/T 396 的要求。

4.1.2 农田灌溉用水水质选择性控制项目，由地方主管部门根据当地农业水源的来源和可能的污染物种类选择相应的控制项目，所选择的控制项目监测布点和频率应符合 NY/T 396 的要求。

4.2 分析方法

本标准控制项目分析方法按表 13-3 执行。

表 13-3 农田灌溉水质控制项目分析方法

序号	分析项目	测定方法	方法来源
1	五日生化需氧量(BOD₅)	稀释与接种法	GB/T 7488
2	化学需氧量	重铬酸盐法	GB/T 11914
3	悬浮物	重量法	GB/T 11901
4	阴离子表面活性剂	亚甲蓝分光光度法	GB/T 7494
5	水温	温度计或颠倒温度计测定法	GB/T 13195
6	pH	玻璃电极法	GB/T 6920
7	全盐量	重量法	HJ/51
8	氯化物	硝酸银滴定法	GB/T 11896
9	硫化物	亚甲基蓝分光光度法	GB/T 16489
10	总汞	冷原子吸收分光光度法	GB/T 7468
11	镉	原子吸收分光光度法	GB/T 7475
12	总砷	二乙基二硫代氨基甲酸银分光光度法	GB/T 7485
13	铬（六价）	二苯碳酰二肼分光光度法	GB/T 7467
14	铅	原子吸收分光光度法	GB/T 7475
15	铜	原子吸收分光光度法	GB/T 7475
16	锌	原子吸收分光光度法	GB/T 7475
17	硒	2，3-二氨基萘荧光法	GB/T 11902
18	氟化物	离子选择电极法	GB/T 7484
19	氰化物	硝酸银滴定法	GB/T 7486

（续）

序号	分析项目	测定方法	方法来源
20	石油类	红外光度法	GB/T 16488
21	挥发酚	蒸馏后 4-氨基安替比林分光光度法	GB/T 7490
22	苯	气相色谱法	GB/T 11937
23	三氯乙醛	吡唑啉酮分光光度法	HJ/T50
24	丙烯醛	气相色谱法	GB/T 11934
25	硼	姜黄素分光光度法	HJ/T49
26	粪大肠菌群数	多管发酵法	GB/T 5750—1985
27	蛔虫卵数	沉淀集卵法 a	《农业环境监测实用手册》第三章中"水质污水蛔虫卵的测定沉淀集卵法"

a. 暂采用此方法，待国家方法标准颁布后，执行国家标准。

主要参考文献

曹一平，毛达如，王兴仁. 1999. 试论高产高效与科学施肥体系//中国植物营养与肥料学会，加拿大钾磷研究所（PPI/PPIC）. 肥料与农业发展——国际学术讨论会论文集［C］. 北京：中国农业科技出版社.

陈怀满. 1996. 土壤—植物系统中的重金属污染［M］. 北京：科学出版社.

崔键，马友华，赵艳萍，等. 2006. 农业面源污染的特性及防治对策［J］. 中国农学通报，22（1）：335-340.

戴良香，张电学，郝兰春，等. 2001. 高产粮区冬小麦—夏玉米轮作条件下土壤养分限制因子与施肥研究［J］. 河北职业技术师范学院学报，15（2）：5-8.

韩燕来，介晓磊，谭金芳，等. 1998. 超高产冬小麦氮磷钾吸收、分配与运转规律的研究［J］. 作物学报，24（6）：908-915.

黄德明，俞仲林，朱德锋，等. 1998. 淮北地区高产小麦植株吸氮及土壤供氮特性［J］. 中国农业科学，21（5）：59-65.

贾蕊，陆迁，何学松. 2006. 我国农业污染现状、原因及对策研究［J］. 中国农业科技导报，8（1）：59-63.

江建飞，邢素芝. 1998. 农田土壤施用化肥的负效应及其防治对策［J］. 农业环境保护，17（1）：40-43.

介晓磊，韩燕来，谭金芳，等. 1998. 不同肥力和土壤质地条件下麦田氮肥利用率的研究［J］. 作物学报，24（6）：884-888.

金善宝. 1991. 中国小麦生态［M］. 北京：科学出版社.

金善宝. 1996. 中国小麦学［M］. 北京：中国农业出版社.

郎秀云. 2007. 人地矛盾视角下的中国现代农业模式［J］. 理论探讨（6）：90-93.

李欢欢，叶优良，王桂良，等. 2009. 典型高产区小麦玉米产量、肥料施用及土壤肥力状况［J］. 河南科学，27（1）：59-63.

刘宏斌，李志宏，张云贵，等.2004.北京市农田土壤硝态氮的分布与累积特征 [J].中国农业科学，37（5）：692-698.

刘学军，赵紫娟，巨晓棠，等.2002.基施氮肥对冬小麦产量、氮肥利用率及氮平衡的影响 [J].生态学报，22（7）：1122-1128.

刘毅.2005.由"点"到"面"治理农业污染 [N].人民日报，02-02.

陆安祥，孙江，王纪华，等.2011.北京农田土壤重金属年际变化及其特征分析 [J].中国农业科学，44（18）：3778-3789.

骆永明，滕应.2006.我国土壤污染退化状况及防治对策 [J].土壤，38（5）：505-508.

马文奇，张福锁，张卫锋.2005.关乎我国资源、环境、粮食安全和可持续发展的化肥产业 [J].资源科学，27（3）：33-40.

孟凡乔，吴文良，辛德惠.2000.高产农田土壤有机质、养分的变化规律与作物产量的关系 [J].植物营养与肥料学报，6（4）：370-374.

米长虹，黄士忠，王继军.2000.农药对农田土壤的污染及防治技术 [J].农业环境与发展，（4）：23-25.

南忠仁，程国栋.2001.干旱区污灌农田作物系统重金属 Cd、Pb 生态行为研究 [J].农业环境保护，20（4）：210-213.

农业科学自然资源和农业区划研究所，农业部全国土壤肥料总站.1992.中国耕地资源及其开发利用 [M].北京：测绘出版社.

潘庆民，于振文，王月福.1999.公顷产 9 000 小麦氮素吸收分配的研究 [J].作物学报，25（5）：541-547.

齐田峰，于振文，钱维朴.1994.精播高产小麦吸氮和土壤供氮特点及施肥效益的研究「J].山东农业大学学报，（4）：406-412.

曲善珊，李松坚，唐显云，等.2009.冬小麦亩产 700kg 土壤肥力与群体发展动态指标的研究 [J].青岛农业大学学报（自然科学版），26（4）：290-293.

山东农业厅.1990.山东小麦 [M].北京：农业出版社.

尚红云.2006.中国环境污染实证分析与治理对策 [J].理论前沿，（11）：28-29.

邵文杰，邓敏.2000.农业生态环境污染治理迫在眉睫[N].光明日报，06-13.（http://www.people.com.cn/GB/channel1/907/20000613/100609.html）

石元亮，王玲莉，刘世彬，等.2008.中国化学肥料发展及其对农业的作用

［J］．土壤学报，45（5）：852－864．

谭金芳，介晓磊，韩燕来，等．2001.潮土区超高产麦田供钾特点与小麦钾素营养研究［J］．麦类作物学报，21（1）：45－50．

唐莲，白丹，蒋任飞，等．2003.农业活动非点源污染与地下水的污染与防治［J］．水土保持研究，10（4）：212－214．

王绍中，季书勤，张德奇，等．2007.河南省小麦栽培技术的演变与发展［J］．河南农业科学，（10）：19－26．

王伟妮，鲁剑巍，李银水，等．2010.当前生产条件下不同作物施肥效果和肥料贡献率研究［J］．中国农业科学，43（19）：3997－4007．

王小燕．2003.不同小麦品质的差异及其生理基础［D］．泰安：山东农业大学．

王旭，李贞宇，马文奇，等．2010.中国主要生态区小麦施肥增产效应分析［J］．中国农业科学，43（12）：2469－2476．

王岩，沈其荣，史瑞和．1998.有机无机肥料施用后土壤生物量C、N、P的变化及N素转化［J］．土壤学报，35（2）：227－233．

吴国梁，崔秀珍．2000.高产小麦氮磷钾营养机理和需肥规律研究［J］．中国农学通报，16（2）：8－11．

吴燕玉，王新，梁仁禄．1998.Cd、Pb、Cu、Zn、As复合污染在农田生态系统的迁移动态研究［J］．环境科学学报，18（4）：407－414．

项虹艳，李廷强．2004.加强农业环境保护，确保农产品质量安全［J］．广西农业科学，35（3）：238－241．

熊国华，林咸永，章永松，等．2004.施肥对蔬菜累积硝酸盐影响的研究进展．土壤通报，35（2）：217－221．

熊明彪，雷孝章，宋光煜，等．2004.长期施肥条件下小麦对钾素吸收利用的研究［J］．麦类作物学报，24（1）：51－54．

徐琦．2006.先要查清家底——全国土壤现状调查情况综述［N］．中国环境报，12－28．（http：//www.envir.gov.cn/info/2006/12/1228832.htm）

徐应明．2006.土壤质量直接影响农产品质量安全［J］．农业环境与发展（4）：1－2．

杨天和，褚保．2005.中国农产品质量安全保障体系中的技术创新［J］．南京农业大学学报，28（3）：102－106．

杨晓涛．2000.农膜污染的防治对策［J］．农业环境与发展（1）：28－30．

杨正礼，卫鸿．2004．我国粮食安全的基础在于藏粮于田．科技导报（9）：14-17．

杨正礼．2006．中国粮食与农业环境双向安全战略思考［J］．中国农业资源与区划，27（12）：1-4．

叶优良，王桂良，朱云集，等．2010．施氮对高产小麦群体动态、产量和土壤氮素变化的影响［J］．应用生态学报，21（2）：351-358．

叶优良，杨晓梅，曲日涛，等．2006．山东省肥料施用与养分平衡状况研究［J］．土壤通报，37（3）：500-504．

于淑芳，杨力，孙明，等．2002．山东省高产粮田养分状况及施肥影响的研究［J］．山东农业科学，（5）：31-33．

于振文．1999．冬小麦超高产栽培［M］．北京：中国农业出版社．

于振文，梁晓芳，李延奇，等．2007．施钾量和施钾时期对小麦氮素和钾素吸收利用的影响［J］．应用生态学报，18（1）：69-74．

于振文，潘庆民，姜东，等．2003．9 000千克小麦施氮量与生理特性分析［J］．作物学报，29（1）：37-43．

于振文，田奇卓，潘庆民，等．2002．黄淮麦区冬小麦超高产栽培的理论与实践［J］．作物学报，28（5）：577-585．

于振文，张炜，余松烈．1996．钾营养对冬小麦养分吸收分配、产量形成和品质的影响［J］．作物学报，22（4）：442-447．

余松烈．2006．中国小麦栽培理论与实践［M］．上海：上海科学技术出版社．

曾希柏，李莲芳，梅旭荣．2007．中国蔬菜土壤重金属含量及来源分析［J］．中国农业科学，40（11）：2507-2517．

张夫道．1985．化肥污染的趋势与对策［J］．环境科学，6（6）：54-58．

张福锁，崔振岭，王激清，等．2007．中国土壤和植物养分管理现状与改进策略［J］．植物学通报，24（6）：687-694．

张海新，乔梁，刘豆豆．2006．污水灌溉中环境保护问题的研究［J］．农机化研究（7）：196-198．

张洪程，许轲，戴其根，等．1998．超高产小麦吸氮特性与氮肥运筹的初步研究［J］．作物学报，24（6）：935-940．

张继林，孙元敏，郭绍铮，等．1998．高产小麦营养生理特性与高效施肥技术研究［J］．中国农业科学，21（4）：39-45．

张维理，冀宏杰，KolbeH，等.2004.中国农业面源污染形势估计及控制对策Ⅱ.欧美国家农业面源污染状况及控制［J］.中国农业科学，37（7）：1018-1025.

张维理，田哲旭，张宁，等.1995.我国北方农用氮肥造成地下水硝酸盐污染的调查［J］.植物营养与肥料学报，1（2）：80-87.

张维理，武淑霞，冀宏杰，等.2004.中国农业面源污染形势估计及控制对策Ⅰ：21世纪初期.中国农业面源污染的形势估计［J］.中国农业科学，37（7）：1008-1017.

张维理，徐爱国，冀宏杰，等.2004.中国农业面源污染形势估计及控制对策Ⅲ：中国农业面源污染控制中存在问题分析［J］.中国农业科学，37（7）：1026-1033.

张蔚菊.2004农业清洁生产与绿色壁垒［J］.世界经济与政治论坛（3）：52-55.

章力建，蔡典雄，王小彬，等.2005.农业立体污染及其防治研究的探讨［J］.中国农业科学，38（2）：350-357.

章力建，侯向阳，杨正礼.2005.当前我国农业立体污染防治研究的若干重要问题［J］.中国农业科技导报，7（1）：3-5.

郑世英.2002.农药对农田土壤生态及农产品质量的影响［J］.石河子大学学报（自然科学版），6（3）：255-258.

钟秀明，武雪萍.2007.我国农田污染与农产品质量安全现状、问题及对策［J］.中国农业资源与区划，28（5）：27-32.

周启星，宋玉芳.2004.污染土壤修复原理与方法［M］.北京：科学出版社.

周艺敏，任顺荣.1989.氮素化肥对蔬菜硝酸盐积累的影响［J］.华北农学报，4（1）：110-115.

李庆逵，朱兆良，于天仁.1998.中国农业持续发展中的肥料问题［M］.南京：江苏科学技术出版社.

Cai Q，Long M L，Zhu M，et al.2009. Food chain transfer of cadmium and lead to cattle in a lead-zinc smelter in Guizhou China［J］. Environmental Pollution，157：3078-3082.

Cui Z L，Chen X P，MiaoY X，et al.2008. On-farm evaluation of winter wheat yield response to residual soil nitrate-N in north china plain［J］.

Agron J, 100: 1527 - 1534.

Cui Z L, ZhangF S, Dou Z X, 2009. Regional evaluation of critical nitrogen concentrations in winter wheat production of the North China Plain [J]. Agron J, 101: 159 - 166.

Ragnarsdottir K V. 2002. Enviromental fate and toxicology of organophosphate pesticides. J Geolog Soc, 157: 859 - 876.

Sharpley A N, Chapra S C R, Wedepohl R, et al. 1994. Managing Agricultural Phosphorus for Protection of Surface Waters, Issues and Options [J]. Journal of Environmental Quality, 23: 427 - 451.

图书在版编目（CIP）数据

小麦安全生产技术指南/王法宏等编．—北京：
中国农业出版社，2012.1
（农产品安全生产技术丛书）
ISBN 978-7-109-16384-3

Ⅰ.①小… Ⅱ.①王… Ⅲ.①小麦—栽培技术—指南
Ⅳ.①S512.1-62

中国版本图书馆 CIP 数据核字（2011）第 271461 号

中国农业出版社出版
（北京市朝阳区农展馆北路 2 号）
（邮政编码 100125）
策划编辑　舒　薇
文字编辑　吴丽婷

北京中新伟业印刷有限公司印刷　　新华书店北京发行所发行
2013 年 1 月第 1 版　　2013 年 1 月北京第 1 次印刷

开本：850mm×1168mm 1/32　　印张：6.75
字数：168 千字
定价：18.00 元
（凡本版图书出现印刷、装订错误，请向出版社发行部调换）